U0225256

E. REIBER
FONDATEUR

CL. SAUVAGEOT
DIRECTEUR

L'ART·POUR·TOUS

工业设计艺术全集

曾 强/主编

胡一鸣　王艺童　王小霞/译

CINQUIÈME ANNÉE

1865–1867

AM

PARIS

A. MOREL, LIBRAIRE-EDITEUR

13, RUE BONAPARTE, 13

中国林业出版社
China Forestry Publishing House

TABLE DES MATIÈRES

目 录

PAR ORDRE DE PUBLICATION

E ij

N° 134

5me Année

15 Juillet
1865.

L'ART POUR TOUS

ENCYCLOPÉDIE DE L'ART INDUSTRIEL ET DÉCORATIF

Paraissant les 15 et 30 de chaque mois.

PUBLIÉ SOUS LA DIRECTION DE M. C. SAUVAGEOT | FONDÉ PAR M. ÉMILE REIBER, ARCHITECTE

ABONNEMENT ANNUEL
France. . . . . 18 fr.
Étranger. . . . 20 fr.
L'Année parue. 25 fr.

A. MOREL
ÉDITEUR
13, rue Bonaparte
Paris.

XVIIᵉ SIÈCLE. — ÉCOLE FRANÇAISE.

ORFÉVRERIE.
VASE,
PAR J.-B. TORO.

4283

Ce vase de Jean-Baptiste Toro, artiste italien, venu à la suite de Marie de Médicis, est une variante de la composition du même auteur que nous avons publiée page 94, 1ʳᵉ année. Tout en ne sortant pas d'une forme générale adoptée pour les deux sujets, les détails sont différents; ils prouvent une certaine facilité, et à coup sûr une grande adresse d'arrangement chez l'artiste à qui nous les empruntons. Il devenait intéressant, et même utile, de montrer ce second vase, complément du premier.

这个器皿的作者是意大利艺术家乔万尼·巴蒂斯塔·托罗（Giovanni Battista Toro），他和玛丽·黛·梅第奇（Mary di Medici）结伴来到法国。同时在第一年 94 页也刊登了他的作品，虽然二者大体相似，但细节的差异能够明显体现出二者的不同，该作品的布局技艺炉火纯青。将这个器皿作为之前作品的补充呈现给读者，它着实耐人寻味，甚至能够对读者有所帮助。

Giovanni Battista Toro, an Italian artist who came to France with Mary di Medici, is the author of this vase, a variation of the piece by the same master published at the page 94, 1ˢᵗ year. Though the general form is alike in both subjects, the details however differ and show evidently in the artist from whom we borrow them for the second time, a real facility and, for certain, a great skill in arrangement. So it was interesting and even useful to present our readers with the latter vase which is a complement to the former.

XVIIIᵉ SIÈCLE. — ÉCOLE FRANÇAISE (LOUIS XVI).

CADRES. — BORDURES.
MOULURES,
PAR DE LA LONDE.

Suite des bordures de la page 454.

1285 号，横带是由一串珍珠支撑，

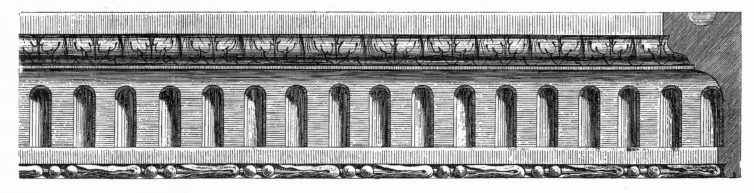

1284

1285

1286

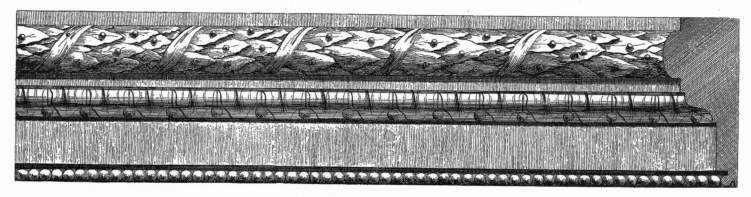

1287

Nº 1284. Moulure terminée par un filet soutenu d'un talon et d'une gorge ornée de canaux. — Nº 1285. Plate-bande soutenue par un cordon de perles et ornée de touffes de feuilles de chêne alternées avec des glands. — Nº 1286. Grande Cymaise ornée de feuilles d'acanthe, soutenue par un cordon de perles. — Nº 1287. Boudin orné de feuilles de laurier maintenues par une bandelette, et soutenu à la base par un talon garni de rais de cœur.

1284 号，（用于装饰墙壁顶端或门框周围）嵌线的末端是一个圆角，由凸圆线脚（截面是四分之一圆弧）支撑，位于一个条形圆槽中。1285 号，横带是由一串珍珠支撑，且有大量成簇的橡树叶和橡果交替出现。1286 号，波纹线脚由莨苕叶饰装饰而成，叶子下面是一串珍珠。1287 号，环面装饰着用细带缠绕的月桂树叶，其底部带有装饰性的曲线图案支撑。

No 1284. — A moulding with terminal fillet supported by a quarter round in a fluted gorge. — No 1285. A platband supported by a string of pearls and enriched with tufts of oak-leaves and with acorns in alternation. — No 1286. A large cyma ornamented with acanthe-leaves upheld by a string of pearls. — No 1287. A torus with laurel-leaves tied with a bandlet and whose base is supported by ornamental ogees.

XVIIe SIÈCLE. — ÉCOLE FRANÇAISE.   **TAPISSERIE,**
                                                      PAR J. BERAIN.

4288

Le centre de ce riche motif est occupé par Vénus et par l'Amour couronnés d'un dais à tenture. La déesse peut contempler sa beauté resplendissante dans un miroir soutenu par deux enfants ailés. A ses pieds, dans une vasque où l'eau coule à flots, un triton en compagnie de deux chevaux marins fait retentir l'air de sons bruyants, puis un fleuve et une rivière personnifiés par un homme et une femme couronnés de roseaux sont assis sur un dauphin de chaque côté du trône de la déesse, et lui offrent des fruits. Enfin une ornementation ornée de figures et de produits de la mer entoure le sujet principal sans le faire oublier. — Telle est cette composition, une des plus belles à notre avis, du maître français dont l'œuvre est si remarquable et si variée.

这幅壮丽雄伟的作品中心是爱神维纳斯（Venus），头顶是带有帷幔的罩棚。两个长翅膀的孩童举着一面镜子，女神可能正在欣赏着自己超凡脱俗的美貌。在她脚下，水源源不断流入水池，驾着两匹马头鱼尾兽的海神特赖登（Triton）在池中吹奏着喧闹的音乐，空气为之震颤回荡。一个男人和一个女人头戴芦苇编成的头冠，骑坐着海豚，分别在女神两侧为其端着水果。最后，包含着人物形象和海里生物的饰边包裹着这幅作品的主要内容，不过并没有使这件作品的主题黯然失色。在我们心中，这位作者是法国最出色的大师之一，其作品不同寻常且富于多变。

The centre of this splendid motive is occupied by Venus and Love under a canopy with hangings. In a looking-glass held up by two winged children, the Goddess may have a peep at her transplendent beauty. At her feet, in a basin whereto water is abundantly flowing, a Triton with two sea-horses makes the air reecho with his boisterous music; then a river and a smaller stream in the allegoric garb of a man and a woman crowned with reeds, are seated on a dolphin, on each side of the Goddess to whom they offer some fruits. Lastly, an ornamentation of figures and marine produces surrounds the main subject but without throwing it in the shade. Such is that composition, in our mind one of the finest of the French master whose works are so remarkable and varied.

ARABÈSQUES. — NIELLES,
PAR P. FLŒTNER.

1294

1296

1293

1289

1297

XVIᵉ SIÈCLE. — ÉCOLE ALLEMANDE.

1290

1295

1292

Le nᵒ 1289, qui occupe le centre de cette page, montre une réunion de motifs variés et intéressants composés de rinceaux d'une extrême délicatesse. Les nᵒˢ 1290, 1291, 1292, 1293 sont des couvercles de boîtes nielles et les nᵒˢ 1294, 1295, 1296, 1297 des frises de marqueterie et d'incrustation.

1289 号位于这一页的中间，由众多柔嫩的树叶构成了斑驳多彩的主题，甚是有趣。1290、1291、1292 和 1293 号是用乌银装饰的盒盖。1294、1295、1296、1297 号都是格式装置和硬壳饰带。

No. 1289, which occupies the middle of this page, shows an aggregation of variegated and interesting motives composed of most delicate foliages. Nos. 1290, 91, 92 and 93, are box-lids ornated with nielloes, and nos 1294, 95, 96 and 97, checker-work and incrustation friezes.

5me Année.

ABONNEMENT ANNUEL:
France. . . . . 18 fr
Étranger. . . . 20 fr
L'Année parue. 25 fr.

N° 135

L'ART POUR TOUS
ENCYCLOPÉDIE DE L'ART INDUSTRIEL ET DÉCORATIF
Paraissant les 15 et 30 de chaque mois.
PUBLIÉ SOUS LA DIRECTION DE M. C. SAUVAGEOT │ FONDÉ PAR M. ÉMILE REIBER, ARCHITECTE

30 Juillet 1865.

A. MOREL
ÉDITEUR
13, rue Bonaparte
Paris.

XVIᵉ SIÈCLE. — ÉCOLE LYONNAISE (CHARLES IX).

GAINES, — TERMES,
PAR H. SAMBIN.

POVRTRAIT

ET DESCRIPTION

du 18

TERME

—

En ce dix-huictième & dernier
ordre,
eft encores un compofé
des cinq,
au refte j'ai prins peine au mieux
qu'il ma efté poffible
de l'enrichir fuyvant l'antique,
ie croy que fa grâce
ne fera point
trouvée mauvaife
& me femble
qu'elle viendra bien à propos
pour faire
quelque mignarde & légère
Architecture.

Le Maître Bourguignon nous paraît dans la composition de ce *Terme* moins heureux que dans les précédentes. La forme générale est lourde, inélégante et rappelle assez, au premier regard, certaines sculptures symboliques de l'Inde. Dans cet amas de figures étrangement groupées la grande ligne a cessé d'être : ce n'est plus une composition architecturale. Il était nécessaire cependant de compléter cette intéressante série de compositions dues à l'un des sculpteurs les plus féconds, les plus ingénieux de la Renaissance.

这位勃艮第的大师在对这件作品进行创作时似乎就没那么幸运了，该作品并没有像之前的那件一样给我们带来冲击。它的形式笨重粗俗，打眼看去倒像是具有印度雕刻的特征。这些线条的终结看起来像一堆人像杂乱的堆在一起，根本不像一件建筑作品。不过还是有必要让这位文艺复兴时期最具创造力的天才雕刻家之一完成这一系列的有趣作品。

In this *Terminal* the Burgundian Master does not seem to us to have hit on so lucky a composition as in the former ones. The general form is heavy, inelegant and, at first sight, not unlike certain symbolical sculptures of India. The grandness of line ceases to be seen in that heap of figures strangely thrown together : there is no more an architectural composition. Yet it was necessary to complete that interesting series of compositions by one of the most fecund and ingenious sculptors of the Renaissance.

XVIIIᵉ SIÈCLE. — ÉCOLE FRANÇAISE (LOUIS XVI).　　　　　　　　　　TROPHÉES,
PAR RANSON.

4300

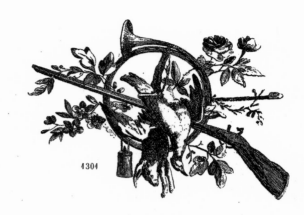

4301

4302

4303

4304

4305

4306

4307

Ces motifs extraits de l'œuvre de *Ranson* suffisent à en donner une idée complète. Des fleurs, des fruits, des oiseaux, des armes et instruments de chasse, des instruments aratoires sont le point de départ fréquent de toutes les compositions de ce Maître. — (Voy. 4ᵉ année, p. 528.)

这些题材是从朗松（Ranson）的作品中提取出来的，也许能够使你对其有所了解。鲜花、水果、鸟类、武器以及狩猎工具，这些是这位朗松大师所有作品的基础（参见第四年，第 528 页）。

Being an abstract from *Ranson's* works those motives may give an idea of them. Flowers, fruits, birds, arms and hunting implements, such is the ground-work of all the compositions of this Master. — (See fourth year, p. 528.)

XVᵉ SIÈCLE. — SCULPTURE FRANÇAISE.   PANNEAU D'UNE PORTE.

This sculptural fragment is interesting because of its richness and chasteness. To a certainty it comes from the Norman School at the end of the xvth century; a School which has brought forth so many works of that kind whose main quality is perfection in the architectural motives.

The subject of this rich *Door Panel* is a saint standing up on a socle to which is affixed the holy woman's personal coat of arms. Two uprights or small twisted columns, — and very nice they are, — support a pointed arch in the shape of a canopy whose crown tuft disappears along a now partly ruined panel : an elegant fenestration is seen at the base of this very profusely ornated panel.

The saint is dressed in a mantle with large folds, and her hair falls upon her shoulders. She holds a book in one hand, and in the other a (now broken) taper which an angel is commissioned to light, but which a devil with a pair of bellows will blow out immediately.

The xvth century, which was very fond of typifying fabliaus, often shows us, both in picture and sculpture, the representation of that artless legend. (Récappé Collection.)

1308

Ce fragment de sculpture intéresse par sa richesse et son bon goût. Il appartient bien certainement à l'École normande de la fin du xvᵉ siècle; École qui a tant produit d'œuvres de ce genre dont le mérite principal est la perfection des motifs d'architecture.

Le sujet de ce riche *Panneau de Porte* est une sainte posée sur un socle où s'attache un écusson privé de ses armoiries. Deux montants ou colonnettes à torsades, d'un heureux effet, supportent une arcade en accolade, formant dais, et dont le bouquet du sommet se noie dans un panneau détruit en partie : un élégant fenestrage se voit à la base de ce panneau, orné avec une véritable profusion.

La sainte est drapée dans un manteau à larges plis, les cheveux tombant sur les épaules. Elle tient un livre d'une main, de l'autre elle tient un cierge (brisé aujourd'hui) qu'un ange a pour mission d'allumer, mais qu'un diable armé d'un soufflet éteint à mesure.

Le xvᵉ siècle, qui aimait à figurer des fabliaux, nous montre souvent, soit en peinture soit en sculpture, la représentation de cette naïve légende. (Collection Récappé.)

这件雕刻作品以其丰富多样和质朴纯真的风格吸引读者的眼球，不过在此展示的只是这件作品的一部分。我们敢肯定它属于15世纪的诺曼学派，该学派同类型的艺术品众多，且作为建筑物堪称完美。
这件装饰多样的门板上，一个圣徒站在基石上，上面贴着这位圣洁女性的个人勋章。两根立着的扭曲的短小柱子支撑着尖形拱顶，但顶部装饰着花束面板的一部分被毁坏了，在它下面可以看到有个装饰极为精致的天窗。

这位圣徒穿着宽大的披风，头发披散在肩膀上。一只手里拿着本书，另一只手（现在破损了）拿着根细长的蜡烛，尖端是用来照亮的，但是有个手持风箱的魔鬼吹灭了蜡烛。
15世纪的作品很喜欢通过画作和雕刻作品向我们讲述朴素的寓言故事或传说。
[瑞开普（Recappe）收藏]

XVIIe SIÈCLE. — ÉCOLE ALLEMANDE. ORNEMENTS TYPOGRAPHIQUES, — BRODERIES.
ALPHABET,
PAR PAUL FURST.

N

1309

O

1310

P

1311

Q

1312

R

1313

S

1314

T

1315

U

1316

W

1317

X

1318

Y

1319

Z

1320

Complément de l'alphabet *éclectique* de *Paul Franck* de Memminge, d'après le recueil calligraphique de *Paul Fürst* de Nuremberg. — (Voy. 3e année, p. 364.)

折衷主义字母表的结尾由来自梅明根的保罗·弗兰克（Paul Franck）所创作，摘自纽伦堡的保罗·福斯特（Paul Furst）的书法集（参见第三年，第 364 页）。

The end of the *Eclectic* alphabet by *Paul Franck* of Memmingen, from the caligraphic collection of *Paul Fürst* of Nuremberg. — (See third year, p. 364.)

5ᵐᵉ Année.

N° 136

15 Août 1865.

L'ART POUR TOUS

ENCYCLOPÉDIE DE L'ART INDUSTRIEL ET DÉCORATIF

Paraissant les 15 et 30 de chaque mois.

PUBLIÉ SOUS LA DIRECTION DE M. C. SAUVAGEOT | FONDÉ PAR M. EMILE REIBER, ARCHITECTE

ABONNEMENT ANNUEL
France . . . . 18 fr.
Étranger . . . 20 fr.
L'Année parue. 25 fr.

A. MOREL
EDITEUR
13, rue Bonaparte
Paris.

XVIIIᵉ SIÈCLE. — ÉCOLE FRANÇAISE.

TROPHÉES,
PAR R. CHARPENTIER.

1321

1322

Les trophées de chasse, de pêche ou de guerre, ont été fréquemment employés dans la décoration des appartements pendant tout le xviiiᵉ siècle.

Plusieurs édifices de cette époque et notamment des châteaux, ont conservé encore des exemples remarquables de boiseries sculptées ou peintes, où de riches trophées remplissent le rôle principal. — Les deux motifs que nous montrons aujourd'hui sont copiés du recueil de R. Charpentier, gravé par J.-F. Blondel. Nous aurons recours encore dans la suite, à ces compositions d'un beau caractère, qui méritent de figurer dans l'Art pour tous.

在整个 18 世纪，狩猎、捕鱼以及战争的战利品经常会被用来装饰房间。

在那时期的部分建筑物中，特别是城堡中，人们仍然可以看到一些雕刻过或绘有图案的壁板，由丰富多样的战利品装饰而成，引人瞩目。这里展示的两件作品复制了夏邦杰（R. Charpentier）的收藏品，该收藏品由雅克·弗朗索瓦·布隆德尔（Jacques-Francois Blondel）雕刻而成。我们打算再次借鉴那些精致的作品，那些在此书中占据一席之地的作品。

Hunting, fishing and warlike trophies were frequently made use of for the decoration of rooms, along the whole course of the xviiiᵗʰ century.

One may still see in several buildings and particularly castles of that time, some remarkable specimens of carved or painted wainscoting whose chief ornamentation is due to rich trophies. — The two motives given in the present number are a copy from R. Charpentier's collection engraved by J.-F. Blondel. We intend to borrow again eventually from those finely executed compositions well worthy of a place in the Art pour tous (Art for everybody).

XVIᵉ SIÈCLE. — TYPOGRAPHIE LYONNAISE.

We did put together on this plate several friezes and tail-pieces belonging to the Lyons school of the second half of the xviᵗʰ century; a school the supremacy of which is now-a-days acknowledged.

The friezes here reproduced are remarkable not only for their richness and good style, but also for their fineness and chasteness of execution which cannot be overpraised.

A few of those motives are borrowed from L. Russard's *Droit civil* (civil Law), Lyons, MDLXI, at the sign of the Venetian Shield. The friezes with niello or black background, whose drawing is so pure and note-worthy, seem to be a reminiscence and even an imitation of the Roman typography of the same epoch.

Nous avons réuni sur cette feuille plusieurs frises et culs-de-lampe appartenant à l'école lyonnaise de la seconde moitié du xviᵉ siècle; école dont la suprématie est partout reconnue aujourd'hui.

Les frises reproduites ici sont remarquables non-seulement par leur richesse et leur bon goût, mais encore par une finesse et une pureté d'exécution qu'on ne saurait assez louer.

Quelques-uns de ces motifs sont empruntés au *Droit civil* de L. Russard, Lyon MDLXI, à l'enseigne du Bouclier Vénitien. Les frises à nielles ou à fond noir, dont le dessin est si pur et si remarquable, paraissent un souvenir et même une imitation de la typographie romaine de la même époque.

此页展示的是一些带状装饰和补白图饰，属于16世纪下半叶的里昂艺术学院。时至今日该学院仍占据至高无上的地位。

此处复制下来的带状装饰物不仅因其丰富的内容和优秀的风格而与众不凡，其雅致精细和纯洁朴实的特点更是令人为之称道。

其中一些图案来自L.Russard的《民法》（里昂，1561年），威尼斯盾牌上的符号。应注意的是，乌银镶嵌或黑色背景的带状装饰的图样是如此纯粹无暇，似乎是对同一时期罗马印刷形式的追忆甚至是模仿。

4323

4324

4328

4329

4330

4331

4325   4326

4332

4327

DÉCORATION SCULPTÉE.

CHÉNEAU.

XIXᵉ SIÈCLE. — ÉCOLE FRANÇAISE.

1333

Cette planche donne le motif central d'un chéneau du théâtre de la Gaîté, exécuté par M. L. Villeminot, sculpteur, sous la direction de M. Cusin, architecte du monument. — Nous compléterons par d'autres fragments la remarquable décoration sculptée ou peinte, de cet édifice récemment construit, car cette décoration montre l'alliance possible des formes pures de l'antiquité avec les formes gracieuses et variées de la Renaissance et celles plus énergiques du siècle de Louis XIV.

此页的主要内容是欢乐剧院院的檐沟，在建筑师居赞（M.Cusin）先生的指导下，雕刻家 M.L. 维尔米诺（M.L.Villeminot）完成了这件巨作。我们想要通过雕刻品绘画的方式对其中重要的装饰物进行局部复制，通过装饰物我们看出，这件艺术品的线条既体现了文艺复兴时期雅致多变的风格，也展现出路易十四时期时期的坚毅特点。

In this plate is shown the centre motive of a gutter of the Gaîté-Theatre, the work of M. L. Villeminot, sculptor, under the direction of M. Cusin, the architect of the edifice. — We purpose completing by other partial reproductions the notable decoration, in sculpture or painting, of this newly erected building; for that very decoration proves the possibility of blending the pure lines of Antiquity with the gracious and varied forms of the Renaissance and with the manlier ones of the age of Louis XIV.

LES PLANS ET PARTERRES

DES JARDINS DE PROPRETÉ

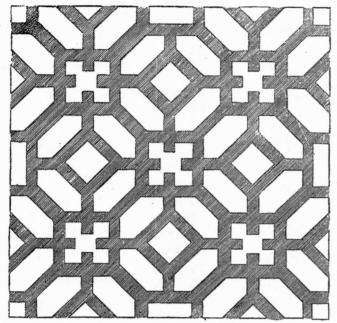

1334

1335

1336

1337

Cette dernière série des entrelacs de Du Cerceau que nous publions aujourd'hui est peut-être de toutes la plus ingénieuse, elle est dans tous les cas la moins étrange. Le résultat obtenu par les combinaisons employées dans les figures offre des motifs parfaitement utilisables dans diverses décorations artistiques et industrielles, et nous ne devons avoir aucun regret de rappeler, par ces extraits, le livre extrêmement rare d'un maître varié et fécond.

这里刊登的迪塞尔索（Du Cerceau）最后一系列关于"线"的作品，它们也许是这套系列中最精细巧妙的。很多艺术或工业装饰品都用到了这一素材，我们再一次呼吁对这位多才多艺、想象力丰富的大师给予更多的关注。

This last series of Du Cerceau's twines which we publish to-day, is perhaps the most ingenious but certainly the least uncouth of the whole lot. The results from the contrivances used in the figures present not a few motives perfectly available for various artistic and industrial decorations, and we feel no reluctance in calling again to light, through those extracts, the utterly rare book of a versatile and fertile master.

5me Année.

N° 137

30 Août 1865.

L'ART POUR TOUS

ENCYCLOPÉDIE DE L'ART INDUSTRIEL ET DÉCORATIF

Paraissant les 15 et 30 de chaque mois.

PUBLIÉ SOUS LA DIRECTION DE M. C. SAUVAGEOT | FONDÉ PAR M. EMILE REIBER, ARCHITECTE

ABONNEMENT ANNUEL.
France . . . . . 18 fr
Étranger . . . . 20 fr
L'Année parue. 25 fr

A. MOREL
ÉDITEUR
13, rue Bonaparte
Paris.

XVIIIᵉ SIÈCLE. — ÉCOLE FRANÇAISE (LOUIS XV).

FRONTISPICE,
PAR PETITOT.

A MONSIEVR
LE MARQVIS DE FELINO

1764

4338

Petitot est l'auteur d'une série de vases gravés par Bossi et publiée dans les dernières années du règne de Louis XV. La plupart de ces compositions ne manquent pas assurément d'une certaine originalité, mais on y remarque en même temps des étrangetés et des formes auxquelles on est peu habitué. Malgré tout, le recueil de Petitot mérite d'être consulté, et pour notre compte nous n'hésiterons pas à y puiser.

Nous montrons aujourd'hui un frontispice, composition heureuse et pleine de charme. — Des Centaures appuyés à la panse d'un vase circulaire en soutiennent la moulure principale décorée d'une grecque : une plaque rectangulaire, avec moulure ornée de rais de cœur, contient la dédicace ; le millésime se lit plus bas dans un médaillon caché en partie par une massue et une quenouille disposées en faisceau. — Des plantes naturelles, des guirlandes de lierre entourent le motif principal et viennent le compléter d'une façon vraiment ingénieuse.

该系列花瓶的作者是珀蒂托（Petitot），由波西（Bossi）雕刻，于路易十五统治后期完成。这些作品大多都极具创意，同时你也可以从这些作品中发现其精巧雅致和与众不同的形式。除此之外，珀蒂托的书值得大家研究学习，其作品值得我们借鉴。

此页显示的是一幅首卷插画，该作品新颖独特，令人为之着迷。两只人马兽倚靠着圆形花瓶的瓶身，它们托着刻有浮雕的线脚；矩形石板上装饰有洋葱形的线脚，同时还刻有题词；再往下是一个圆形图饰，能从图饰上看到日期，一根棒子和一根纺纱杆叠在一起，遮住了部分图饰，极富艺术性。植物和常春藤花环围绕着该作品的主题，巧妙独特，别具匠心。

Petitot is the author of a series of vases engraved by Bossi and published in the last years of king Louis XV's reign. In general those compositions are decidedly not without a certain originality but withal one may remark in them uncouth and rather unusual forms. For all that, Petitot's book deserves being studied, and, for our part, we intend to unhesitatingly borrow from it.

In the present number is shown a frontispiece, ingenious and charming composition. — Leaning against the belly of a circular vase, two centaurs support its chief moulding enriched with a fret-work ; on a rectangular slab with moulding ornated with ogees the dedication is written ; the date is to be seen lower inscribed on a medallion partly covered with a club and a distaff artistically piled. — Natural plants and ivy garlands encircle the principal motive and complete it in a very ingenious way.

这样的建筑形式，我们无需赘言。该建筑物落成时间接近 1610 年，我们今天有幸对那一时期建筑结构进行复刻。

1339

L'hôtel de Vogüé, à Dijon, est un des édifices les plus intéressants du XVIIe siècle par sa riche et puissante décoration. Situé près de l'église de Notre-Dame il est bien connu des artistes et des voyageurs. Le puits que nous montrons ici se voit dans la cour postérieure de l'hôtel, à l'entrée du jardin. Il n'est guère utile de faire remarquer combien, dans cet édicule gracieux des dernières années de la Renaissance, le fer est heureusement mêlé à la pierre sculptée de la margelle ; tout le monde constatera ce fait. — L'hôtel de Vogüé fut construit vers 1610; la date de la construction de l'édifice nous donne celle du petit monument que nous reproduisons aujourd'hui.

　　该建筑位于第戎的沃古埃公馆，因其富丽堂皇，宏伟气派的装饰，成为 17 世纪最壮观的建筑物之一。坐落于圣母教堂附近，该建筑为艺术家和游客所熟知。此处呈现的是宅邸的后院，即花园的入口处。文艺复兴后期的建筑物构架优雅庄重，铁器和雕花石头巧妙地结合在一起，对于这样的建筑形式，我们无需赘言。该建筑物落成时间接近 1610 年，我们今天有幸对那一时期建筑结构进行复刻。

By its rich and mighty decoration Vogüé-House (l'hôtel de Vogüé), at Dijon, is one of the most interesting edifices of the XVIIth century. Well known to the artists and travellers it is situated close to Our-Lady church. The well here represented is to be seen in the back yard of the mansion, at the entrance of the garden. It is rather needless to point out how, in that graceful small fabric of the last years of the Renaissance, iron is happily combining with the carved stone of the kirb, every body will admit the fact. — Vogüé-House was built towards 1610; and the date of the erection of the structure gives that of the little monument which we to-day reproduce.

4340

Nous commençons aujourd'hui une série d'étoffes orientales anciennes. Ces dessins ont été calqués avant 1830 par Pierre Révoil, directeur de l'École des Beaux-Arts de Lyon, sur les étoffes mêmes en soie. M. Yemenis, consul de Grèce, était à cette époque possesseur de ces précieuses serviettes que nous supposons avoir été fabriquées au xvie siècle. — Il est difficile cependant de rien affirmer à ce sujet ; on sait que l'art chez les Orientaux est resté à peu près stationnaire depuis plusieurs siècles.

Nous devons à l'obligeance de M. H. Révoil, architecte à Nîmes, de pouvoir publier ces intéressants dessins.

今天介绍的是一系列东方古老的织物，早在1830年前,里昂艺术学院的主任皮埃尔·雷瓦尔(P. Revoil) 就在丝绸织物上绘制图案了。此后希腊领事得到了那些珍贵的餐巾，我们认为那些餐巾产于16世纪,不过无法明确认这一时间点。众所周知,东方的艺术在几个世纪里都没有什么太大变化。

多亏了尼姆建筑师 M.H. 雷瓦尔 (M.H.Revoil) 的慷慨大度，我们才有幸刊登这些有趣的作品。

We are to day beginning a series of ancient Eastern stuffs, the drawings of which have been traced, before the year 1830, on those very silk textile fabrics by P. Révoil, Director of the Fine-Arts School of Lyons. The Greek consul, M. Yemenis, was then owner of those precious napkins which we suppose manufactured in the xvith century. Nothing however is clearly affirmable on that point; art, it is well known, having been rather stationary for several ages among the Orientals.

The kindness of M. H. Révoil, an architect of Nismes, has enabled us to publish those interesting drawings.

XVIIᵉ SIÈCLE. — DÉCADENCE ITALIENNE.   CARTOUCHES.

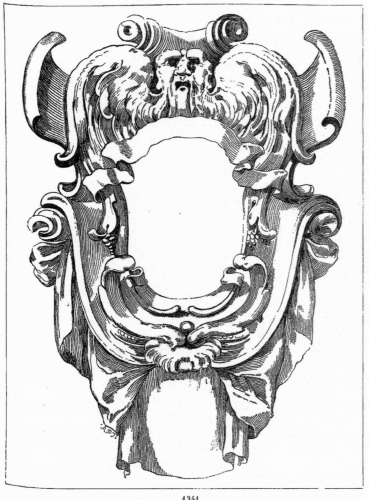

1341

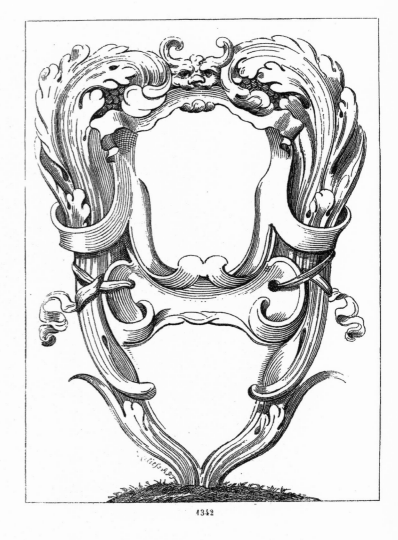

1342

Three motives of Italian Cartouches were already published at page 472. Those given to-day, though preferable to the first ones, are however far from possessing the beauty of the French Cartouches of the same epoch. In reproducing those six compositions we are mainly actuated by the desire of giving our readers the power of comparing the French and Italian decorative arts of the xvııᵗʰ century, and of showing how much the former surpasses the latter in every respect.

Trois motifs de Cartouches italiens ont été publiés déjà page 472. Ceux que nous montrons aujourd'hui, bien que préférables aux premiers, sont loin cependant de la beauté des Cartouches français de la même époque. En reproduisant ces six compositions, nous avons voulu surtout permettre d'établir une comparaison entre les arts décoratifs italiens et français du xvııᵉ siècle, et montrer combien ce dernier l'emporte sous tous les rapports.

意大利三种题材的椭圆边框已经登在第 472 页。虽然今天向大家展示的作品比之前的更胜一筹，但远不及同一时期的法国。复制这六幅作品的目的主要是为了让读者能够直观对比 17 世纪法国和意大利的装饰艺术，同时让大家感受前者优于后者的方方面面。

1343

N° 138

5e Année.

15 Septemb. 1865.

ABONNEMENT ANNUEL
France. . . . 18 fr.
Étranger. . . . 20 fr.,
L'Année parue. 25 fr.

L'ART POUR TOUS

ENCYCLOPÉDIE DE L'ART INDUSTRIEL ET DÉCORATIF

Paraissant les 15 et 30 de chaque mois.

PUBLIE SOUS LA DIRECTION DE M. C. SAUVAGEOT | FONDÉ PAR M. ÉMILE REIBER, ARCHITECTE

A. MOREL
ÉDITEUR
13, rue Bonaparte
Paris.

XVIIe SIÈCLE. — CÉRAMIQUE FRANÇAISE.

FAIENCES DE ROUEN.

ACCESSOIRES DE TABLE,

POT A CIDRE.

(MUSÉE DE CLUNY.)

Ce pot à cidre, ou *pichet*, est une des belles pièces désignées par les collectionneurs sous le titre de «*vieux Rouen*». La forme en est jolie et la couleur harmonieuse. Les ornements, feuillages et rinceaux, sont jaunes sur fond bleu. Le sujet principal, c'est-à-dire cette reine singulièrement vêtue et entourée d'un cordon d'ossements, se détache sur fond blanc; le paysage est clair et lumineux. Musée de Cluny, fonds Levéel. — (Voy. p. 360, 3e année, un *pichet* de ce genre.)

这个名为老鲁昂的酒罐也可以称为水壶，做工精致，质量上乘，为收藏家们所熟知。它的形状优美，颜色搭配协调，上面的枝叶装饰物是黄色的，而底色是蓝色的。中心题材是一个着装怪异的皇后，一圈骨头环绕着她，在白色的背景下闪着亮光。克吕尼博物馆，勒维尔(Levéel)收藏(参见第三年，第 360 页，这种水壶)。

This cider jug, or *pitcher*, is one of the fine pieces well known to the collectors by the name of «Old Rouen». It presents niceness of shape and harmony of colour. Its ornaments, leaves and foliages, are yellow upon a blue ground. The chief motive, to wit, that strangely dressed queen with a surrounding string of bones, detaches itself upon a white background with a clear and luminous landscape. Cluny Museum, Levéel collection. — (See p. 360, third year, a *pitcher* of that kind.)

XVIIIe SIÈCLE. — ÉCOLE FRANÇAISE.
RÉGENCE.

VIGNETTES, — CULS-DE-LAMPE,
PAR BERNARD PICARD.

The *Art pour tous*, third year, has already reproduced at p. 311, a rich frame and two tail-pieces by B. Picard. We to-day give several tail-pieces and heads of pages by the same artist, which are quite on a par with the former ones.

We intend to reproduce in subsequent numbers sundry compositions of that very master; for, in our opinion, those lovely vignettes of an artist so prominent in that branch of the Art, cannot be brought too much to light.

B. Picard often engraved the motives by him drawn. In the monography of the pictures of Lambert House, in Paris, mostly engraved by him or under his direction, do we remark several titles and frontispieces wherein it is quite easy to recognize the trained hand of the clever artist who engraved the compositions of Lebrun and Lesueur.

L'Art pour tous, 3e année, reproduit déjà page 311 un riche encadrement et deux culs-de-lampe de B. Picard. Nous montrons aujourd'hui plusieurs culs-de-lampe et têtes de pages du même artiste, qui ne le cèdent en rien aux précédents.

Plus tard nous reproduirons encore diverses compositions du même auteur, car on ne saurait assez, à notre avis, mettre en lumière ces ravissantes vignettes d'un maître qui excellait en ce genre.

B. Picard gravait souvent lui-même les motifs qu'il dessinait. Dans la monographie des peintures de l'hôtel Lambert, à Paris, gravées en grande partie par lui ou sous sa direction, nous remarquons plusieurs titres, plusieurs frontispices où le burin exercé de l'habile graveur des compositions de Lebrun et de Lesueur se reconnaît visiblement.

此书第三年的第 311 页已经刊登了伯纳德·皮卡德（B. Picard）创作的一件边框和两件章尾花式作品。现在我们为大家展示的是皮卡德的几件章尾花式和页眉，这些作品与其之前的作品一样优秀。

我们打算在接下来的几页中介绍这位大师其他种类的作品，在我们看来，这位杰出大师创作的精巧优雅的花式图案值得我们重点介绍。

通常他的雕刻作品都是他自己勾勒图案进行创作的。在兰伯特之屋专著画册中我们通过一些标题和卷首插画就能发现，哪些是这位技艺娴熟的大师对勒布伦（Lebrun）和勒叙厄尔（Lesueur）作品的复刻。

XIXᵉ SIÈCLE. — ÉCOLE FRANÇAISE.　　　　DÉCORATION ARCHITECTURALE.
ŒILS-DE-BŒUF.

We have borrowed from the decoration of the modern Louvre those two remarkable bassi-relievi. Either stand above the small doors of the Daru pavilion : two other analogous compositions are to be seen in the opposite pavilion.

In the *oculi*, or bull's eyes, to-day shown, the sculptor, M. Leharivel Durocher, has represented four cardinal Virtues : Justice, Firmness, Prudence and Might. Justice holds the traditional wand with a *hand* atop, and the scales; at her feet is a lamp. A grand air of dignity is predominant in that figure. Firmness, being in juxta-position with Justice, is nearly naked, armed with a sword and leaning against a fluted column. Lower is seen Prudence clothed in a large cloak, wearing a helmet for a head-dress, and having a riddle in her hand; the emblematic serpent is at her feet and the mulberry, sacred to the deity in antique ages, puts forth its leaves and fills the bare spots of the angles. Might, with the spoils of a lion for a head-dress, is reclining, like a vigilant sentinel, on an enormous club. Her only garment is a short skirt upheld by means of a leather belt.

C'est à la décoration du Louvre moderne que nous empruntons ces deux remarquables bas-reliefs. Ils sont placés l'un et l'autre au-dessus des petites portes feintes du pavillon Daru : deux compositions analogues se voient également au pavillon qui fait face.

Dans les *oculus* que nous montrons aujourd'hui, le statuaire, M. Leharivel Durocher, nous montre les quatre vertus cardinales : la Justice, la Fermeté, la Prudence et la Force. La Justice porte la *main* traditionnelle et les balances, une lampe est à ses pieds; un grand air de dignité domine dans cette figure magistralement drapée. La Fermeté, en regard de la Justice, est presque nue : elle est armée d'un glaive et s'appuie sur une colonne ornée de cannelures. Plus bas, la Prudence, vêtue d'un ample manteau, coiffée d'un casque, tient en main un crible; le serpent emblématique est à ses pieds, tandis que le mûrier, consacré à la Prudence dans les temps antiques, montre ses feuilles en comblant les vides de l'écoinçon. La Force, coiffée de la dépouille d'un lion, s'appuie, sentinelle vigilante, sur une énorme massue; une courte jupe maintenue par une ceinture de cuir est tout son vêtement.

1350

1351

我们已经借用了卢浮宫这两件令人瞩目的浅浮雕上的装饰物。有两个是站在达鲁建筑物小门的上方，有两个相似的立在对面的建筑物上。今天要为大家展示的是雕刻师勒哈里韦尔·迪罗谢（M. Leharivel Durocher）的作品，四个象征基本道德的人物形象："公正""坚定""审慎""权利"。"公正"手中拿着传统的权杖和天平，权杖顶端有一只手；她的脚边有一盏灯，整个形象都散发出庄重的气息。旁边并列站着的是"坚定"这一人物形

象，她近乎全裸，手中握着一把剑，靠着饰有凹槽纹的柱子。下面是"审慎"这一形象，披着大斗篷，带着头盔，手里握着谜团，在她脚边很明显有一条蛇；桑树的叶子填满了角落，象征着女神的神圣。最后一个形象将战利品狮子当做头饰戴在了头上，像一个警惕的哨兵，斜倚在一根大棍子上。她身上唯一的衣服就是一条短裙，腰间系着条皮制腰带。

XVIIIe SIÈCLE. — ÉCOLE FRANÇAISE (LOUIS XVI).   FLEURS, — BOUQUETS,
PAR RANSON.

Suite des bouquets de fleurs de Ranson, gravés par Élisabeth Voysard. — (Voy. 4e année, p. 528.) — Fac-simile.

朗松（Ranson）花束作品的延续，由伊丽莎白·福伊萨德（Elisabeth Voysard）雕刻而成（参见第四年，第528页）。摹本。

A continuation of Ranson's bunches of flowers, engraved by Elizabeth Voysard. — (See fourth year, p. 528.) — Fac-simile.

5e. Année.

Nº 139

30 Septemb. 1865.

L'ART POUR TOUS
ENCYCLOPÉDIE DE L'ART INDUSTRIEL ET DÉCORATIF
Paraissant les 15 et 30 de chaque mois.
PUBLIÉ SOUS LA DIRECTION DE M. C. SAUVAGEOT | FONDÉ PAR M. ÉMILE REIBER, ARCHITECTE

ABONNEMENT ANNUEL
France . . . . . 18 fr.
Étranger . . . . 20 fr.
L'Année parue. 25 fr.

A. MOREL
ÉDITEUR
13, rue Bonaparte
Paris

XVIIe SIÈCLE. — ÉCOLE FRANÇAISE.
(FRANÇOIS Ier.)

PANNEAUX, — ARABESQUES,
PAR SIMON VOUET.

4360

Cette composition de Simon Vouet est gravée par M. Dorigny, son élève, avec une certaine audace de burin; et parmi les planches du même genre, dues aux mêmes maîtres, c'est assurément une des mieux réussies; aussi s'est-on appliqué, dans notre reproduction, à respecter la disposition et la valeur de chacune des hachures. — Ce motif, destiné à orner un panneau de boiserie ou de porte, donne bien l'idée des décorations de ce genre exécutées pendant les premières années du règne de Louis XIV; des panneaux peints rehaussés d'or, offrant de grandes analogies avec celui-ci, se voient encore dans plusieurs édifices construits au XVIIe siècle, notamment au château de Vaux-le-Praslin et à l'hôtel Lambert, à Paris.

该作品的作者是西蒙·乌埃（Simon Vouet），其学生米歇尔·德里格（M. Dorigny）进行雕刻，风格大胆利落；在他们同类型的作品中，该作品绝对可以算得上最佳作品之一。所以我们尽可能在复制品中保留原作品的内容，甚至是每一根线条。该作品是准备用来装饰门或护壁板，它完全展示出路易十四世最初几年的装饰风格；（门或墙面上的）嵌板涂上金边，和如今的作品相似，但同时又能在17世纪的诸座巴黎宅邸建筑中找到它的身影，如在沃·普拉兰城堡中，和巴黎的兰伯特之屋。

This composition of Simon Vouet was engraved by M. Dorigny, his pupil, with a certain boldness of execution; and, amongst the plates of the same kind and from the same masters, it is surely one of their best works : so did we try, in the actual reproduction, to reverentially preserve the disposition and value of every one of the hatchings. — The motive, which was to decorate a door or wainscotting panel, gives a full notion of the ornaments of that kind in the first years of Louis XIVth; painted panels with gold set-off, very analogous to the present one, are still to be seen in several mansions erected in the 17th century, as, for instance, at the castle of Vaux-le-Praslin and at Lambert-House, in Paris.

XVIᵉ SIÈCLE. — ÉCOLE FRANÇAISE.
(FRANÇOIS Iᵉʳ.)

ARABESQUES, — NIELLES,
PAR MAITRE STEPHANUS.

CVM. PRIVILEGIO REGIS STEPHANVS FECIT.
1361

I. If. de Bry f.
1362

1363

1364

E. REINER DIRECT.
1365

CVM. PRIVILEGIO REGIS. S. F
1366

1367

1368

1369

Les fig. 1361 à 1366 sont des compositions d'Étienne de Laune, le maître d'Androuet Du Cerceau, et connu sous le nom de Maître Stephanus. Les originaux sont gravés en taille-douce, mais on rencontre souvent dans les livres du xvIᵉ et même du xvIIᵉ siècle des reproductions typographiques de ces nielles; ainsi les fig. 1364 et 1366 se voient dans un in-16 ayant pour titre : «Pia Desideria, Emblematis Elegiis et affectibus SS. Patrum illustrata, authore Hermano Hugone societatis Jesu.» Publié en 1628. — Les fig. 1367, 1368 et 1369, qui complètent la page, sont également extraites de ce rare petit livre.

图 1361~1366 是艾蒂安·德劳内（Etienne De Laune）和安德鲁埃·迪塞尔索（Androuet Du Cerceau）的作品《斯特法努斯大师》。图案最初是刻在铜牌上的，不过通常在 16 世纪甚至是 17 世纪的书中会出现乌银的复制印刷品；所以图 1364 和图 1366 在 16 中，标题是《Pia Desideria, Emblematis Elegiis et affectibus SS. Patrum illustrata, authore Hermano Hugone societalis Jesu.》出版于公元 1628 年。图 1367、1368 和 1369 在这页的末尾，像是从那本珍贵的小册子中摘选出来的。

Fig. 1361 to 1366 are compositions of Étienne De Laune, Androuet Du Cerceau's master, and known by the name of Master Stephanus. The originals are engraved in copper-plate, but often, in the books of the 16th and even of the 17th century, typographic reproductions of these nielloes are met with : so, fig. 1364 and 1366 are found in a sixteen, the title of which is : «Pia Desideria, Emblematis Elegiis et affectibus SS. Patrum illustrata, authore Hermano Hugone societatis Jesu.» Published A. D. 1628. — Fig. 1367, 1368 and 1369, completing the page, are alike an extract from that very rare little book.

XVIIIᵉ SIÈCLE. — ÉCOLE FRANÇAISE (LOUIS XV).

ENFANTS,
PAR F. BOUCHER.

Here again are two groups of children after F. Boucher's compositions engraved by Huquier. It is unnecessary to point out the grace and naturalness of those winged little things borne on clouds. The master of the xviiiᵗʰ century, long decried and often accused of having corrupted the art of his epoch, has lately conquered back the public favour. It is positive most of his compositions are quite charming and, in our mind, far from deserving the vituperations of certain critics of the present century. — (See p. 393, fourth year.)

Voici encore deux groupes d'enfants d'après les compositions de F. Boucher, gravées par Huquier. Il est inutile de faire remarquer la grâce et le naturel de ces enfants ailés portés par des nuages. Le peintre du xviiiᵉ siècle, longtemps décrié, accusé souvent d'avoir corrompu l'art de son époque, a reconquis depuis quelque temps la faveur du public. Il est certain que la plupart de ses compositions sont pleines de charme, et, à notre avis, loin de mériter les reproches de certains critiques du commencement de ce siècle. — (Voy. page 393, 4ᵉ année.)

1370

弗朗索瓦·布歇(F. Boucher) 作品之后的是由哈吉尔(Huquier) 雕刻而成的两组孩童，云朵相伴，振翅飞翔，优雅纯真的特点一览无余。这位 17 世纪的大师因破坏腐化了这一时期的艺术而长期遭受谴责，但近期却重新赢得了公众的青睐。在我们的印象中，他的作品充满魅力，如今不应该遭到谩骂攻击（ 参见第四年，第393页 ）。

1371

XVIIᴱ SIÈCLE — ECOLE FRANÇAISE.
(LOUIS XIV)

PEINTURE DÉCORATIVE
PAR EUSTACHE LESUEUR
(Hôtel Lambert à Paris)

Héliogr. A. Durand.   1372   Imp. Lemercier. Paris.

ENLEVEMENT DE CANIMEDE

绑架盖尼米得 (Canymede)

5ᵐᵉ Année. — N° 140 — 15 Octobre 1865.

L'ART POUR TOUS

ENCYCLOPÉDIE DE L'ART INDUSTRIEL ET DÉCORATIF

Paraissant les 15 et 30 de chaque mois.

PUBLIÉ SOUS LA DIRECTION DE M. C. SAUVAGEOT | FONDÉ PAR M. ÉMILE REIBER, ARCHITECTE

ABONNEMENT ANNUEL
France. . . . . 18 fr.
Étranger. . . . 20 fr.
L'Année parue. 25 fr.

A. MOREL
ÉDITEUR
13, rue Bonaparte
Paris.

XVIIIᵉ SIÈCLE. — ORFÉVRERIE FRANÇAISE.
ÉCOLE LIMOUSINE.

CIBOIRE ÉMAILLÉ ET GRAVÉ.
(COLLECTION DU LOUVRE.

This precious production of the goldsmith's art is probably dating from the first years of the 13ᵗʰ century. The name of the artist by whom it was made is given through this Latin inscription engraved at the bottom, an inscription, it is true, with diverse readings : — *Magister : G. Alpais : me fecit : Lemovicarum :* — The Alpais' pix is 30 centimetres in height by 15 in breadth. The cup and its lid, both of like outlines, are ornated with engraved cross bands the meeting-points of which are enriched with precious stones, and their squares contain each the figure of a personage whose head only is in relief; the bust, drawn upon the metal, detaches itself on a blue enamelled ground. The triangles are occupied by winged angels with nimbi, executed in the same manner as the aforesaid figures. The foot of that rich ciborium is a truncated cone ornamented with fine foliages whence issue human forms and dragons. The top-piece, or knob, elegantly shaped, is connected with the lid by means of a narrow moulding; and in four sharp pointed curves, as many angles with the nimbus are seen each bearing a holy-wafer. Crowning the whole is a spruce fir-cone. (See, *Archeologic Annals*, a remarkable description of the Alpais' ciborium, by M. Alfred Darcel.)

Ce précieux exemple d'orfévrerie doit dater des premières années du XIIIᵉ siècle, Une inscription gravée au fond de la coupe, inscription diversement interprétée, il est vrai, donne le nom de l'artiste qui l'exécuta : — *Magister : G. Alpais : me fecit : Lemovicarum :* — Le ciboire d'Alpais a 30 centimètres de haut sur 15 de large. La coupe et le couvercle de formes semblables sont frettés de bandes croisées dont l'intersection est ornée d'une pierre précieuse; les bandes sont enrichies de gravures. Les quadrilatères, formés par ces dernières, contiennent chacun la figure d'un personnage dont la tête seule est en relief; tandis que le buste, tracé sur le métal, se détache sur un fond d'émail bleu; les triangles sont occupés par des anges ailés et nimbés traités de la même façon que les figures précédentes. Le pied de ce riche ciboire est un cône tronqué orné de beaux rinceaux, d'où sortent des figures humaines et des dragons. Le couronnement, ou bouton de forme élégante, se lie au couvercle par une étroite moulure. Quatre anges nimbés, portant chacun une hostie, se voient dans quatre arcades cintrées. Une pomme de pin domine le tout. (Voy. *Annales archéologiques* une remarquable description du ciboire d'Alpais, par M. Alfred Darcel.)

这件金匠艺术作品大致可以追溯到 13 世纪的最初几年。其底部用拉丁文刻着作者的名字，有不同的读法：Magister：G. Alpais：me fecit：Lemovicarum，Alpais 圣体盒高 30 厘米，宽 15 厘米。交叉着的条纹装饰着杯身和盖子，在条纹交汇的地方装饰着稀有的宝石，在每一个方格里都有一个人像，不过只有头的部位是浮雕；上半身是画在金属上的，映衬着蓝色的搪瓷背景。三角形的里面是长着翅膀的天使，头上有光轮，和前面提到的人像相似。这件圣礼容器的底部是截短了的圆锥体，装

饰有纤细的树叶、人的形状以及龙的造型。最上面的部分也就是顶端部分雅致精美，通过狭窄的嵌接与盖子相连；和其他天使一样，曲面的地方有四个云彩天使，头顶圣光，容器的尖端是一个云杉球果［详见《考古史册》——阿尔弗雷德·达塞尔（M. Alfred Darcel）先生，其中有对该容器的详细描述］。

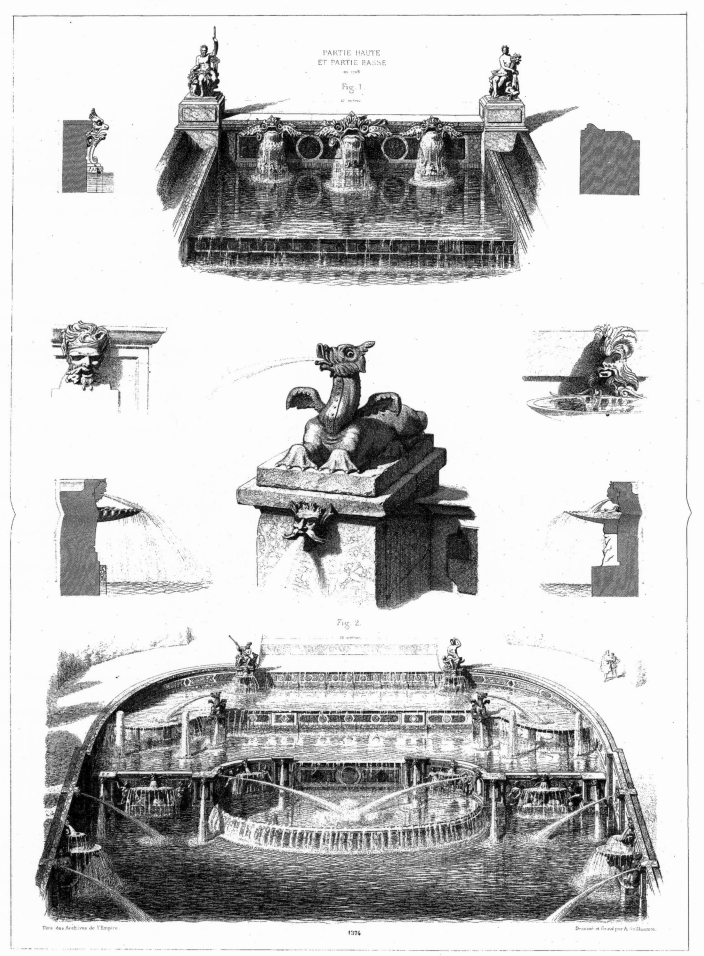

PARTIE HAUTE
ET PARTIE BASSE
en 1705
Fig. 1.

Fig. 2.

Tiré des Archives de l'Empire.

Dessiné et Gravé par A. Guillaumot.

Cette planche est extraite du remarquable travail de M. Aug. Guillaumot, graveur, sur le château de Marly-le-Roy, construit en 1676, détruit en 1798. M. Guillaumot a exécuté son œuvre en grande partie d'après des documents puisés à la bibliothèque impériale et aux archives. Nous n'avons pas la prétention, en publiant cette planche par le procédé du report sur pierre, d'indiquer le degré de perfection auquel a atteint de nos jours la gravure en taille-douce, lorsque ce soin est réservé à un artiste de la valeur de M. Aug. Guillaumot ; mais nous avons voulu appeler l'attention de nos abonnés sur l'œuvre de notre confrère en empruntant à cette importante monographie une des pages les plus intéressantes et les mieux réussies.

此页介绍的是建成于 1676 年，毁于 1798 年的马尔利勒鲁瓦城堡，摘自著名雕刻家奥古斯特·吉鲁姆（M. Aug. Guillaumot）先生的著作。随着帝国图书馆和档案馆中一些资料的面世，他的大部分作品才得以出现。在出版该页内容的时候，我们需要将刻在石头上的内容展示给读者，当我们把这项任务委托给像奥古斯特那样的杰出艺术家时，我们不必担忧效果比不上现今发展堪称完美的铜板凹印；同时，我们打算从这本重要的专著中，借鉴其最精美和最有趣的内容，吸引大家多关注其兄弟的作品。

This plate is taken from the remarkable book of the engraver M. Aug. Guillaumot, about the castle of Marly-le-Roy, which was erected in 1676 and destroyed in 1798. M. Guillaumot's work has been mostly executed after some documents found in the Bibliothèque impériale (Imperial Library) and at the Archives. In publishing this plate through the process of transferring on stone the original engraving, we have not the pretention of marking the degree of perfection which the copper-plate engraving has nowadays reached, when the work is intrusted to a master as eminent as M. Aug. Guillaumot ; but we did intend to draw our subscribers' attention upon the work of our brother artist by borrowing from that important monography one of its finest and most interesting pages.

TERMES, — GAINES,
PAR L. LERAMBERT.

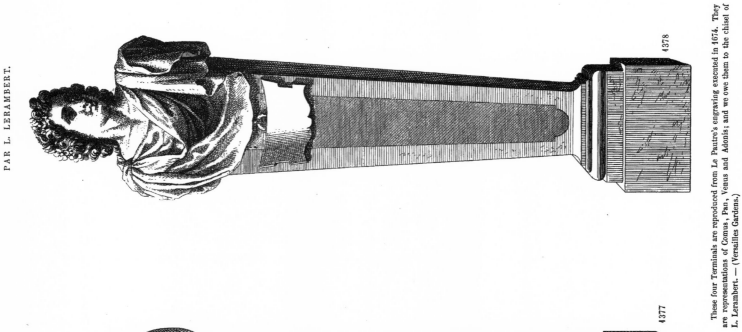

4378

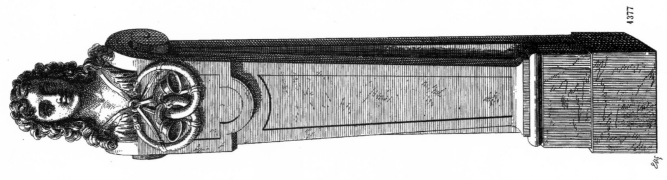

4377

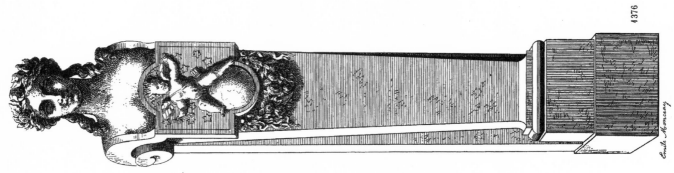

4376

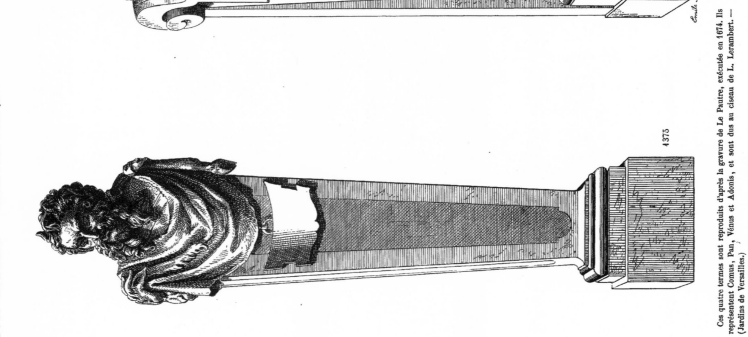

4375

These four Terminals are reproduced from Le Pautre's engraving executed in 1674. They are representations of Comus, Pan, Venus and Adonis; and we owe them to the chisel of L. Lerambert. — (Versailles Gardens.)

这四件作品是复制勒·坡特（Le Pautre）在1674年完成的雕刻作品，分别代表丁科马斯（Comus）、潘（Pan）、维纳斯（Venus）和阿多尼斯（Adonis），这些成就归功于勒·朗贝尔（L. Lerambert）明贝尔·凿子。（凡尔赛花园）

Ces quatre termes sont reproduits d'après la gravure de Le Pautre, exécutée en 1674. Ils représentent Comus, Pan, Vénus et Adonis, et sont dus au ciseau de L. Lerambert. — (Jardins de Versailles.)

XVIIᵉ SIÈCLE. — SCULPTURE FRANÇAISE.

5° Année.

N° 141

30 Octobre 1865.

ABONNEMENT ANNUEL
France. . . . . 18 fr.
Étranger. . . . 20 fr.
L'Année parue. 25 fr.

L'ART POUR TOUS

ENCYCLOPÉDIE DE L'ART INDUSTRIEL ET DÉCORATIF

Paraissant les 15 et 30 de chaque mois.

PUBLIÉ SOUS LA DIRECTION DE M. C. SAUVAGEOT | FONDÉ PAR M. ÉMILE REIBER, ARCHITECTE

A. MOREL
ÉDITEUR
13, rue Bonaparte
Paris.

ANTIQUES. — CÉRAMIQUE GRECQUE.

FIGURES DÉCORATIVES.
(MUSÉE NAPOLÉON III.)

1379

Ces deux belles figures font partie d'une suite de bas–reliefs en terre cuite provenant de l'ancienne collection Campana et représentant les noces de Thétis et Pélée. Le sujet se compose de huit personnages : c'est d'abord, à l'extrémité de droite, le héros debout, se tournant vers Thétis suivie du cortège nuptial. Une jeune fille, une suivante sans doute, se penche vers la déesse et la soutient en se tournant vers les personnages qui s'avancent à sa suite avec les présents destinés aux deux époux. Les trois figures de femmes portant des fleurs et des fruits doivent personnifier les saisons. Viennent ensuite les deux figures que nous montrons plus haut, c'est-à-dire un homme nu, l'Hercule, ayant un jeune bœuf sur ses épaules, et la quatrième saison, l'Hiver, portant non pas des fleurs et des fruits comme ses compagnes, mais des animaux que l'on chasse lorsque la terre est dépouillée : un sanglier, un lièvre, une couple de perdrix. Cette figure de l'Hiver, quoique conçue d'une façon assez rustique, est cependant pleine d'élégance ; elle est jeune encore et belle. Ses pieds sont chaussés, et par-dessus sa tunique elle est vêtue du manteau des voyageurs.

这两个美丽的形象组成了赤土陶器的浅浮雕系列的一部分，来源于早前坎帕纳的收藏，代表了忒提斯（Thetis）与珀琉斯（Peleus）的婚礼。这一主题包括8个人物：第一个是右手边最远的一个形象，他转向忒提斯，后面跟着婚礼的队伍。一个看起来可能是女仆的年轻女人，向女性农牧神屈身，后者半面向后面的人，这些后面的人手里拿着送给新婚夫妇的礼物。三个带着鲜花和水果的女性形象是"季节"的拟人化。跟着的是上面两个，一个是赫拉克勒斯（Hercules），赤裸的男性，肩上扛着一头小公牛。第四个季节是"冬天"，像她的姐妹一样没有带花也没带水果，而是带着野生动物，在大地变得荒凉的时候狩猎的得到的：一头野猪、一只野兔和一对山鹑。虽然它的构思相当质朴，但是"冬天"这一形象却相当精致，它化作了一位年轻端庄的姑娘，穿着靴子和束腰紧身衣，披着一件旅行斗篷。

These two beautiful figures form a part of a series of terra cotta bassi–relievi from the former Campana collection representing the wedding of *Thetis* and *Peleus*. The subject comprises eight personages : first and at the farthest end on the right hand, the hero standing and turning towards Thetis followed by the nuptial procession. A young female, probably a woman-servant, bends towards the demi–goddess whom she supports while the latter half turns towards the personages following with presents destined for the happy couple. In the three female figures bearing flowers and fruits we do see a personification of seasons. Then follow the two above given figures, viz., a naked man, Hercules, having a young bullock on his shoulders, and the fourth season, Winter, holding neither flowers nor fruits, as her sisters do, but wild creatures which are hunted when the earth has become bare : a boar, a hare and a brace of partridges. Though rather rustic in its conception, this figure of Winter is yet quite elegantly shaped as a young and handsome female with boots on and wearing a travelling cloak on her tunic.

XVIIIe SIÈCLE. — ÉCOLE FRANÇAISE.

VIGNETTES, — CULS-DE-LAMPE,
PAR CH. EISEN.

1380

1381

1382

1383

1384

1385

1386

1387

Le poëme intitulé « les Baisers, » par Dorat, a inspiré à Ch. Eisen, peintre et graveur d'origine flamande, un certain nombre de ravissantes vignettes et culs-de-lampe exécutés en taille-douce. Nous reproduisons aujourd'hui quelques-unes de ces vignettes qui, bien qu'inférieures aux gravures originales, suffisent cependant à en montrer la grâce et le charme sans égal. (Voy. 3e année, p. 333, une notice sur Ch. Eisen.)

多勒尔（Doral）的诗《吻》，启发了弗兰德血统的绘画家和雕刻家艾森（Ch. Eisen），他创作了很多美丽的小插图和章尾花饰。今天我们对这些小插图进行复制，虽然它们比不上雕刻的原作，但是也充分显示出优雅精致的特点和空前的魅力（详见第三年，第333页，艾森部分）。

Dorat's poem «Les Baisers» (Kisses) has suggested to Ch. Eisen, a painter and engraver of Flemish descent, a number of lovely vignettes and tail-pieces. We to-day reproduce some of those vignettes which, though inferior to the original engravings, will yet sufficiently prove their gracefulness and unexampled charm. (See, third year, at p. 333, a notice about Ch. Eisen.)

XVIIIe SIÈCLE. — CÉRAMIQUE FRANÇAISE
(FAIENCES DE MOUSTIERS.)

PIÈCE DÉCORATIVE.
(MUSÉE DE CLUNY. — FONDS LEVÉEL.)

GIL KREUTZBERGER

1388

Ce vase décoratif, produit des manufactures de Moustiers, est une des plus intéressantes pièces du musée de Cluny. Les armes des Montmorency sont peintes à l'endroit le plus apparent. C'est donc, à n'en pas douter, une pièce faite sur commande et exécutée avec un soin tout particulier.

这一装饰性的花瓶是穆斯捷的产品，是克吕尼博物馆中最有趣的艺术品之一。不难看出蒙莫朗西（Montmorency）徽章画在了最显眼的位置。毫无疑问，该作品得到了额外照看。

This decorative vase, a produce of the Moustiers manufactures, is one of the most interesting pieces of the Cluny Museum. The Montmorency coat of arms is seen painted on the most apparent spot. Then it is undoubtedly a piece executed on order and with quite a particular care.

XVIᵉ SIÈCLE. — ÉCOLE ALLEMANDE.

NIELLES, — ARABESQUES,
PAR P. FLŒTNER.

1389

1390

1391

1393

1392

1394

1395

Les trois panneaux nᵒˢ 1389, 1390, 1391 montrent des entre-lacs extrémement compliqués, dont un, celui de gauche. semble avoir conservé dans une certaine mesure le caractère de l'art ro-man. Les deux panneaux disposés à droite se rapprocheraient plu-tôt du dessin de l'ornementation arabe. Ce sont des plaques d'un coffret damasquiné. Les nᵒˢ 1392, 1393, 1394 sont des motifs courants d'entrelacs et de rinceaux de nielles, et le nᵒ 1395 un couvercle de boîte niellé.

图 1389~1391 中的线盘根错节，左手边的图似乎在一定程度上保留浪漫艺术的特征。右边的两幅更倾向于阿拉伯的装饰风格。所有这些都是装饰有花纹的匣子。图 1392，1393 和 1394 中的线和乌银镶嵌的叶子是连续的，图 1395 是乌银镶嵌的盒子盖。

In the three panels numbering from 1389 to 1391, are seen extre-mely complicated twines, one of which, that on the left hand seems to have retained in a certain proportion the characteristics of the Romance art. The two panels placed on the right would rather appear to proceed from the Arabian ornamentation. All are plates of a damaskeened casket. Nos. 1392-93 and 94 are running motives of twines and niello foliages, and no. 1395 is the lid of a nielloworked box.

5e Année.

N° 142

15 Novem. 1865.

ABONNEMENT ANNUEL
France . . . . . 18 fr.
Étranger . . . . 20 fr.
L'Année parue . 25 fr.

L'ART POUR TOUS
ENCYCLOPÉDIE DE L'ART INDUSTRIEL ET DÉCORATIF
Paraissant les 15 et 30 de chaque mois.
PUBLIÉ SOUS LA DIRECTION DE M. C. SAUVAGEOT │ FONDÉ PAR M. ÉMILE REIBER, ARCHITECTE

A. MOREL
ÉDITEUR
13, rue Bonaparte
Paris.

XVIe SIÈCLE. — ARMURERIE ITALIENNE.
(CASQUE OU MORION.)

ARMES DÉFENSIVES.
(COLLECTION DE L'EMPEREUR NAPOLÉON III.)

4396

On devra aux efforts dignes d'éloges de *l'Union centrale des Beaux-Arts* appliqués à l'industrie, d'avoir vu cette année, au palais des Champs-Élysées, une exposition qui se distingue des précédentes par une innovation vraiment heureuse : Un musée d'art rétrospectif a été adjoint à l'exposition des arts et industries modernes. Tous les collectionneurs célèbres de nos jours ont voulu contribuer à former cette remarquable exposition : la presse entière en a longuement parlé ; et le public, artistes et gens du monde, amateurs et ouvriers, envahit chaque jour encore les vastes salles du Palais de l'Industrie. Le musée d'art rétrospectif est devenu l'événement de la saison.

La direction de *l'Art pour Tous* a saisi avec empressement cette occasion de montrer aux lecteurs de ce recueil un certain nombre des objets d'art disposés en si grande abondance et avec un choix si judicieux à l'Exposition rétrospective. Grâce au concours du comité de *l'Union centrale*, grâce aussi à l'extrême obligeance des collectionneurs, nous avons pu atteindre à ce but ; de nombreux dessins ont été faits spécialement pour *l'Art pour Tous* et seront reproduits dans ses pages.

Nous montrons, dès aujourd'hui, un casque ou morion italien du XVIe siècle, entièrement couvert de gravures. Ce casque appartient à l'empereur, qui a voulu envoyer à l'Exposition rétrospective la collection complète de ses armes.

感谢工业艺术联合会的努力，今年在香谢丽舍大道创办的展览馆因一项创新而别开生面；在现代工业艺术展中添加了回顾艺术博物馆。所有健在的著名收藏家都乐于促成此次意义非凡的聚会；所有的报纸都进行了详细的介绍，每天都有成群的艺术家、有身份的人、手艺人和艺术爱好者前来，将展馆挤得水泄不通。

此书的编辑已经准备好在回顾艺术展中将众多艺术作品展示给读者，这一决定多么明智。最后我们还要感谢中央联合委员会和慷慨大度的收藏家们。不计其数的艺术作品会通过复制的形式出现在此书中。

我们以雕花覆盖的头盔或可称为意大利无面甲头盔为开端。目前这一头盔的拥有者是法国的皇帝，他将自己所有的武器收藏品都送给了回顾艺术展。

To the praiseworthy efforts of the central Union of the Arts as applied to Industry do we owe to have seen, this year in the building of the Champs-Elysées, the creation of an Exhibition distinguishing itself from the former ones by a happy innovation : a Museum of retrospective Arts has been added to the Exhibition of modern Industry and Arts. All the living collectors of reputation have willingly contributed to the formation of that remarkable gathering ; every newspaper has spoken at length about it, and each day a crowd of artists and gentlemen, of artisans and amateurs, still fills the large rooms of the palace.

The editors of the « Art pour Tous » have readily embraced that occasion of showing to the readers of this publication a number of the pieces of art, so profusely and with so judicious a choice, displayed at the retrospective Exhibition. We were enabled to attain this end thanks to the concurrence of the committee of the central Union, and thanks too to the obligingness of the collectors. Numerous drawings have so been rapidly made for the « Art pour Tous, » and will be reproduced in its pages.

We begin this very day by a helmet or Italian morion of the xviith century, entirely covered with engravings. The present owner of this helmet is the Emperor of the French, who has sent to the retrospective Exhibition the whole of his collection of arms.

XVIIIe SIÈCLE. — CÉRAMIQUE FRANÇAISE.
(FAIENCES DE MOUSTIERS.)

PIÈCE DÉCORATIVE.
(MUSÉE DE CLUNY. — FONDS LEVÉEL.)

Dans le précédent numéro nous avons montré le vase ou motif principal du service décoratif fabriqué à Moustiers et portant les armes des Montmorency. Aujourd'hui nous publions l'une des deux pièces destinées à l'accompagner et, à cette occasion, nous dirons encore quelques mots du vase, puisque l'espace nous a manqué pour le décrire.

Signalons d'abord sa hauteur, qui est de près d'un mètre (les deux motifs, surmontés d'un enfant portant une corbeille de fruits, sont un peu moins grands), et ajoutons qu'il est difficile de rencontrer des couleurs plus vives et plus harmonieuses que celles dont il est revêtu. En effet, le blanc, le bleu, le jaune, le vert, le brun et le rouge sont employés tour à tour et sans confusion dans ce *monument*, dont la forme laisserait peut-être à désirer si l'éclat des couleurs ne la faisait tout d'abord oublier. Ainsi le vert et le rouge décorent alternativement les côtés de la moulure inférieure ou pied; les autres côtés, ou godrons du sommet du vase, sont également verts et rouges, mais d'une nuance différente; le dauphin inférieur est vert et la coquille qui l'entoure est jaune. La moulure, servant de base aux enfants qui supportent la partie supérieure de l'objet, contient des naïades blanches sur fond bleu. Les trois amours cariatides sont blancs aussi, à l'exception de leurs attributs et de leurs cheveux. Enfin, la moulure principale, contenant les armes des premiers barons chrétiens, est également à fond blanc.

Ces trois belles pièces de faïence servaient à orner ou une cheminée, ou le dessus d'un meuble; car le vase n'est pas complet : il est tracé sur demi-cercle, et le côté sacrifié coupé sur une ligne droite verticale. Les deux pièces accessoires ne sont pas non plus carrées à la base, comme on semblerait le croire, mais tracées en forme de parallélogramme dont chaque angle est abattu.

In our last number we have shown the vase or principal motive of a decorative set of Moustiers manufacture, bearing the Montmorency scutcheon. We to-day publish **one** of the two pieces which were **to** match with it; and we seize **that** occasion to say a few **words** more about the vase, a full **description** of which the want **of room** prevented us from giving.

Let us **first** point out its height which reaches three feet (the two **motives**, on whose top is seated a **child** bearing a basket of fruits, are a litte smaller), and let us add it is difficult to find brighter and more harmonious colours than those with which it is covered. In fact, white, blue, yellow, green, brown and red are by turns, but without confusedness, used in that little jewel in earthenware, whose form would perhaps leave something to desire but for the splendour of its colouring which makes at once one forget the defect. Thus the ribs of the lower moulding, or foot, are ornated with green and red in alternation; the other ribs or godroons of the vase at the top of the vase are likewise painted red and green, but of a different hue. The inferior dolphin is green and the surrounding shell yellow coloured. The moulding which serves for a basis to the children supporting the upper part, contains white naiads on a blue ground. The three Cupids are white too with the exception of their attributes and hair. Lastly, the chief moulding into which is included the coat of arms of the « First Christian Barons, » has also a white ground.

Those three fine faience pieces were to ornament either a mantelpiece or the top of a piece of household furniture; for the vase is not completed and is only semi-circular in its execution, and the sacrificed portion is cut in a straight and vertical line. Neither are the two accessory pieces square in their basis, as they apparently look, but are shaped as a parallelogram whose angles are cut off.

在我们最后的展示中展示了花瓶和穆斯捷作品中装饰有蒙莫朗西（Montmorency）盾形徽章的主题。今天我们会挑选和此花瓶的另外两个主要题材中的一个进行展示。之前由于空间有限，没能详细介绍。

首先这件作品高3英尺（在顶部坐着一个孩童，头顶着装水果的篮子，高度略低于3英尺）。我们很难找到更鲜艳更协调的颜色，事实上，陶土上的珠宝颜色白、兰、黄、绿、棕和红交替变化，但是却没有融合在一起。这样的形式可能会不尽人意，但是由于颜色的光彩夺目，人们可能会立刻忘记这一不足。因此，花瓶下方线脚的凸条花纹呈现出红色和绿色交替的情况；花瓶上方线脚的椭圆形线饰也涂着红色和绿色，只是色调有所不同。下面

的海豚是绿色的，围着它的贝壳是黄色的。孩童支撑着上面的部分，而支撑着孩童的线带背景是蓝色的，上画着白色的耐达斯。除了头发外，三个丘比特也是白色的。最后，包含《第一个基督教男爵》徽章的最主要饰线也是白色背景。

这三件精致的彩陶作品既没有用来装饰壁炉台，也没有装饰日常家居的顶端；因为该花瓶只完成了一半，直线和垂直线都被裁去了一部分。正如我们看到的这样，底部的两个方形饰品配件也被裁去了一部分，只是形状像棱角被切割了的平行四边形。

XVᵉ SIÈCLE. — SERRURERIE FRANÇAISE.   SERRURE ET MARTEAU DE PORTE.

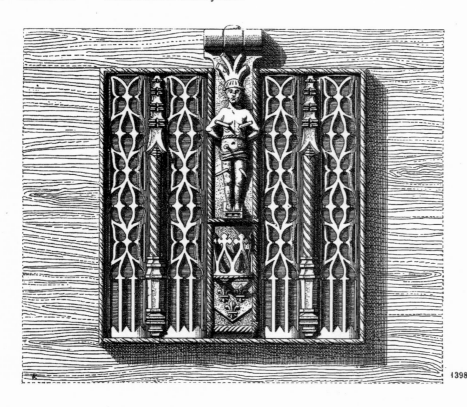

1398   1399

Dans la plupart des faces de bahuts du xvᵉ siècle qui se trouvent déjà reproduites dans *l'Art pour Tous*, la serrure est absente. Cette partie intéressante et nécessaire de tout meuble de ce genre s'en trouve souvent séparée. Le fer, moins que le bois, a résisté à l'œuvre destructive du temps, et puis, il faut le dire, les collectionneurs ont souvent enlevé ces entrées de serrure plus faciles à transporter et à loger que le meuble entier.

Comme complément des faces de bahuts déjà publiées, nous montrons une jolie serrure du xvᵉ siècle provenant évidemment d'un bahut de cette époque. Un rustique saint Sébastien tout bardé de flèches en occupe le centre ; d'élégantes colonnettes séparent chacun des panneaux ornés de découpures, et le cache-entrée, en forme d'écusson, est décoré des trois fleurs de lis de France.

La figure inférieure représente un riche heurtoir, également du xvᵉ siècle, et digne assurément de figurer à côté de cette serrure.

In most of the front parts of the « bahuts » (chests) of the xvth century already reproduced in the «Art pour Tous, » the lock is often wanting. Usually this interesting and quite useful part of every piece of that kind is seen separate. Iron withstands less than wood the destructive action of time; moreover, it must be added that collectors often take off those external locks which are easier to remove and locate than the whole piece of furniture.

As a complement of the fronts of chests already presented, we give a pretty lock of the xvth century, which evidently belonged to a «bahut» of that epoch. A rustic Saint-Sebastian, pierced with arrows, occupies the centre. Each panel cut out is separated by elegant small columns. The hiding plate in the form of a scutcheon is ornated with the three flower-de-luces of France.

The lower figure represents a rich knocker also of the xvth century, and assuredly worthy of figuring by the side of the lock.

JAUVESTRE. sc   Reliefs APS.   E·REIBER. DIR·

1400

15 世纪的《箱子》一书的前半部分大多都已经复制在了此书中，不过锁的介绍总是有所欠缺。通常情况下，箱子和锁总是分开的。相对于铁锁而言，木质的锁更能够经受时间的摧残。必须补充的是，收藏家通常会摘下那些比整件家具更容易拆卸和安装的外部锁。

作为前面的箱子的补充，我们展示了 15 世纪的锁，很显然属于那一时代的箱子。占据中间位置的

圣徒塞巴斯蒂安（Saint-Sebastian）做工粗糙，弓箭刺穿了他的身体。每一块嵌板都由精致的柱状物分割开来。藏在后面的牌子装饰有三朵法国的鸢尾花。

下面是一个 15 世纪华丽昂贵的门环，旁边的锁也值得注意。

CHEMINÉES,
PAR JEAN LE PAUTRE.

XVIIe SIÈCLE. — ÉCOLE FRANÇAISE.

4402

4401

Dans l'œuvre considérable de Jean Le Pautre, on remarque une série de *cheminées à l'italienne*, publiée chez P. Mariette, rue Saint-Jacques, à l'Espérance. — Les deux cheminées que nous montrons ici sont extraites de ce recueil.

Amongst the numerous works of John Le Pautre a series of Italian chimney-pieces is to be remarked, published by P. Mariette in the «rue Saint-Jacques,» at the Sign of the Hope. The two ones given here are reproduced from that book.

在约翰·勒·坡特（John Le Pautre）的众多作品中，一系列的意大利壁炉架值得关注，登载于皮埃尔·马里埃特（P. Mariette）的《圣杰克路》——希望的象征中。以上这两件作品就是从书中复制而来的。

5e Année.

N° 143

30 Novemb. 1865.

ABONNEMENT ANNUEL
France. . . . . 18 fr.
Étranger. . . . 20 fr.
L'Année parue. 25 fr.

L'ART POUR TOUS
ENCYCLOPÉDIE DE L'ART INDUSTRIEL ET DÉCORATIF
Paraissant les 15 et 30 de chaque mois.
PUBLIÉ SOUS LA DIRECTION DE M. C. SAUVAGEOT | FONDÉ PAR M. ÉMILE REIBER, ARCHITECTE

A. MOREL
ÉDITEUR
13, rue Bonaparte
Paris.

ANTIQUES. — CÉRAMIQUE GRECQUE.

FIGURES DÉCORATIVES. — DANSE SACRÉE.
(MUSÉE NAPOLÉON III.)

1403

Malgré les mutilations qu'il a subies, ce fragment antique en terre cuite est encore un des plus beaux et des plus purs de l'ancienne collection Campana. Les trois figures de la frise se détachent sur un fond bleu assez intense qui vient relever leur rare élégance et leur incomparable finesse d'exécution. Ces trois personnages se livrent au transport frénétique d'une danse sacrée dont le rythme est conduit par l'élégante joueuse de flûte qui occupe le centre du sujet. Les deux faunes aux épaules couvertes d'une peau de panthère sont aussi d'un beau mouvement et font preuve d'une grande puissance 'observation chez l'artiste qui les modela.

尽管部分遭到损毁，这件赤陶碎片仍是晚期坎帕纳藏品中最为精致纯粹的作品之一。饰带上的三个图形背景是深邃的蓝色，使得其优雅精致的特点无与伦比。位居中间的这位美丽女性吹奏着长笛，三个人踏着拍子疯狂的跳着神圣的舞蹈。两个农牧神的肩上搭着豹子皮，动作很优美，这说明塑造他们的艺术家具有惊人的观察力。

Despite its mutilated state, this antique terra-cotta fragment is yet one of the finest and purest pieces of the late Campana collection. The three figures of the frieze detach themselves on a ground of rather intense blue which does enhance their rare elegance and unmatched fineness of execution. Those three persons are abandoning themselves to the frenzy of a sacred dance timed by the elegant female who plays on the flute and occupies the centre of the subject. The two Fauns whose shoulders are covered with panther's skins present also a nice movement and prove that the artist who moulded them was endowed with a great power of observation.

XVIIIᵉ SIÈCLE. — ORFÉVRERIE FRANÇAISE.
(LOUIS XVI.)

CANDÉLABRE EN CUIVRE DORÉ.
(MOBILIER DE LA COURONNE.)

C'est également à l'Exposition rétrospective organisée par l'Union centrale des Beaux-Arts appliqués à l'industrie, que nous avons pu faire dessiner ce magnifique candélabre des dernières années du xviiiᵉ siècle. Tout le monde a voulu apporter sa pierre à cette utile réunion d'objets d'art qui n'avait pas encore eu son précédent jusqu'ici.

Le Souverain, nous l'avons dit, a donné en quelque sorte l'exemple; et non-seulement sa belle collection d'armes est venue orner une des salles de l'Exposition, mais, d'après ses ordres, les principaux objets d'art du mobilier de la couronne ont pris place dans les vastes salles du Palais de l'Industrie.

Plusieurs meubles et objets d'art de cette précieuse collection de l'État ont été recueillis par nous. Celui que nous mon-

trons dans ce numéro n'est pas un des moindres assurément.

L'élégance et la pureté des formes y sont remarquables, et l'exécution, c'est-à-dire la ciselure, en est irréprochable. Nous ne saurions vraiment assez faire l'éloge de cette belle pièce d'orfévrerie française, si la montrer une des premières n'était déjà en proclamer le mérite.

Ce beau candélabre est tout entier en cuivre doré. Le vase qui pose sur le socle, entre les trois tiges qui sont la structure de l'objet, est seul d'une autre matière et vient trancher sur la couleur de l'or tantôt mat, tantôt bruni et lumineux. La panse du vase est semée d'étoiles d'or incrustées sur fond noir; de petits amours en relief, jouant de divers instruments, ornent la partie supérieure de ce vase d'une forme si élégante et qui sert d'axe et de lien à la pièce entière.

It is also by the retrospective Exhibition organized by the central union of the Fine Arts applied to Industry, that we were enabled to have this magnificent candelabrum photographied, which belongs to the last years of the xviiith century. To that useful and till now unprecedented gathering of pieces of art everybody has been eager to become a contributor.

As it has been said, the sovereign has somehow set the example; and not only his fine collection of arms went and adorned one of the Exhibition's rooms, but by his command the principal pieces of art from the imperial household were placed in the vast rooms of the palace of Industry. From that precious State collection we have borrowed several pieces of furniture and of art, of which the one we reproduce in the present number is surely not the least. Its elegance and chasteness are remarkable and its execution, we mean the chasing, stands unquestionable. Indeed we cannot praise enough this beautiful production of the French silversmith's art; but to reproduce it, one of the first, is still to proclaim its merit. That fine candelabrum is entirely of gilt copper. The vase on the pedestal between the three rods forming the main structure, is the only thing in another material, and it does form a brilliant opposition with the now dead, now burnished and light gold. The vase's belly is strewed with golden stars incrusted on a black ground; small cupids in relief, playing on diverse instruments, enrich the upper part of that vase so elegant in its shape and which serves for the axis of, and gives harmony to the whole piece.

这件作品属于 18 世纪后期，多亏了工业艺术联合会举办的回顾展，使我们能够对这件气势恢宏的烛架进行拍摄。每个人都想要展示藏品，因此此次展览有很多意想不到的作品。

君主以身作则，贡献了很多藏品。展厅中有一整个房间都是他收藏的武器，不仅仅是这样，皇室的重要艺术作品安置在一个大面积的房间中。我们借鉴了很多国家级的家具和艺术品，但毫无疑问，在这页展示的复制品是最重要的。无与伦比的精致典雅、简洁纯粹以及雕刻镂空的技艺引人瞩目。我们无法用言语形容这件银器的艺术魅力，但是复制这件作品的首要任务就要发现并赞扬它的优点。这件铜制烛台整体都进行了鎏金处理，三个杆撑起了整个烛台，底座上的花瓶位于中间，它是用金子制成并且进行了抛光，与其他材质形成了鲜明对比。花瓶的瓶身上点缀了金色的星星，底色是黑色的；浮雕的小丘比特正在演奏着各种乐器，不仅使花瓶的上半部分优美雅致，还充当了花瓶的轴线，为作品增添了协调的美感。

1404

Hauteur totale du candélabre, 36 centimètres.

FRISES, — BORDURES,
PAR JEAN LE PAUTRE.

XVIIe SIÈCLE. — ÉCOLE FRANÇAISE.
(LOUIS XIV.)

1405

1406

框架和边饰都取自于约翰·勒·坡特（J. Le Pautre）。原雕刻作品比复制版要稍微大一些。

Planches tirées d'une suite d'encadrements et bordures de J. Le Pautre. Les gravures origi- | Plates taken out of a series of frames and borders by J. Le Pautre. The original engravings
nales sont un peu plus grandes que la reproduction. | are a little larger than the reproduction.

XVIIᵉ SIÈCLE. — ORFÉVRERIE FRANÇAISE.
(LOUIS XIII.)

LANTERNE D'ESCALIER.
(A DIJON.)

1407

C'est à Dijon, dans le remarquable hôtel de Vogüé, que l'on voit ce lampadaire du XVIIᵉ siècle. Il est suspendu dans le grand escalier de l'hôtel qu'il pourrait éclairer encore, malgré l'oxydation regrettable que lui ont donnée les années. Cette pièce d'orfévrerie, belle de forme, riche d'ornementation, se dessine sur un plan octogone, les fleurs de lis y sont prodiguées ; non-seulement les tiges principales sont surmontées de ce motif de décoration, mais la couronne qui la termine en est elle-même uniquement composée. (Voir 5ᵉ année, p. 546.)

该作品是 17 世纪的枝形吊灯，陈列于第戎的沃古埃公馆中。悬挂在宅邸的楼梯间，照亮了岁月留下的斑驳痕迹。这件银制艺术品造型优美，装饰华丽，是一个八边形；大量的鸢尾花点缀着该作品，但是除了灯冠外，灯身仅装饰着法国的百合花（参见第五年，第 546 页）。

This chandelier of the XVIIth century is to be seen at Dijon, in the remarkable Vogüe House. It is hanging up in the grand staircase of the mansion, which it could still light despite the rust unhappily given by the years. That piece of the silversmith's art, beautifully shaped and richly ornamented, has an octagon plan ; flower-deluces are here unsparingly thrown on, as not only the principal tiges are capped with that kind of decoration, but the crown itself whereinto ends the lamp is solely composed of the lilies of France. (See fifth year, p. 546.)

5e Année.

N° 144

15 Décem. 1865.

L'ART POUR TOUS

ENCYCLOPÉDIE DE L'ART INDUSTRIEL ET DÉCORATIF

Paraissant les 15 et 30 de chaque mois.

PUBLIÉ SOUS LA DIRECTION DE M. C. SALVAGEOT | FONDÉ PAR M. EMILE REIBER, ARCHITECTE

ABONNEMENT ANNUEL
France. . . . . 18 fr.
Étranger. . . . 20 fr.
L'Année parue. 25 fr.

A. MOREL
ÉDITEUR
13, rue Bonaparte
Paris.

XVIIᵉ SIÈCLE. — ÉCOLE FRANÇAISE.
(LOUIS XIV.)

PETIT CARTEL OU PENDULE.
(COLLECTION DE M. TAINTURIER.)

1408

Les lignes accusées et assez sévères de ce cartel sont égayées, dans leur plus grand contour, d'ornements noirs incrustés sur le fond doré du cuivre. Ces ornements ou arabesques se retrouvent aussi au sommet du cartel, sur la coupole qui le termine. Le cadran et le sujet placé à sa base se détachent sur un fond absolument noir. Deux enfants ailés complètent le cartouche au milieu duquel Apollon conduit son char. L'un de ces enfants caresse un coq personnifiant les heures du jour, tandis que l'autre enfant tient un hibou, emblème de la nuit. Les côtés de ce meuble sont ornés d'arabesques noires sur fond d'or.

简洁明朗的线条使时钟的轮廓更具朝气，黑色的装饰物镶嵌在铜制表面。我们可以看到，在钟表顶部的穹顶处有装饰物和蔓藤花饰，表面和底部的图案底色都是纯黑色。两个长翅膀的孩童构成了涡卷饰，阿波罗（Apollo）驾着双轮马车出现在花饰的中间。其中一个孩子抚摸着公鸡，代表了白天，而另一个孩子托着一只猫头鹰，象征着夜晚。黑色的蔓藤花饰装饰着该作品的边缘，边缘的底色是金黄色。

The plain and rather hard lines of this time-piece are enlivened in their larger contour with black ornaments inlaid on the copper gilt ground. Those ornaments or arabesques are seen too at the top of the clock on its crowning cupola. Both the dial and subject at its base detach themselves on an entirely black ground. Two winged children complete the cartouch in the middle of which Apollo appears in his chariot. One of those children is fondling a cock which personifies the day-time, whilst the other is holding an owl emblem of the night. The sides of this piece of furniture are ornated with black arabesques on a gold ground.

MÉDAILLONS EN ALBATRE.
(COLLECTION DE M. ARONDEL.)

XVIe SIÈCLE. — SCULPTURE FRANÇAISE.

DIVVS·AVG·P·

·M·AGRIPPA·

1409

Those two fine alabaster medals, representing Augustus and Agrippa, have rather large dimensions and have unquestionably been used in the decoration of some sumptuous monument of the Renaissance in the first years of the xviith century. Antique medallions or their copies are often seen playing an important part in the decoration of edifices. For instance, the twelve Caesars are not unfrequently so represented, whether in marble or in bronze, in frames enriched with fruits or flowers. — The two above pictures are remarkable for their fine character and the skilful manner through which their relief is obtained.

这两件尺寸巨大的精致雪花石膏纪念章上是奥古斯都（Augustus）和阿格利巴（Agrippa），用来装饰 16 世纪早期豪华的文艺复兴纪念碑。古老的圆雕饰或其复制品经常被用来装饰宏伟的建筑物。例如罗马十二帝王经常被刻在大理石或青铜艺术品上，通常伴有鲜花和水果。这两张图片生动形象，通过浮雕这一形式使我们看到艺术家精湛的技艺。

Ces deux belles médailles en albâtre, représentant Auguste et Agrippa, sont d'assez grandes dimensions et ont servi, à n'en pas douter, à décorer quelque somptueux monument de la Renaissance. Pendant les premières années du xvie siècle, on voit souvent des médaillons antiques ou imités de l'antique jouer un rôle important dans la décoration des édifices. — Les douze Césars, par exemple, sont souvent représentés, soit en marbre, soit en bronze, dans des cadres ornés de fruits ou de fleurs. — Les deux portraits ci-contre sont remarquables par leur beau caractère et la façon savante dont le relief et le modelé en sont compris.

FRESQUES PAR M. JOBBÉ DUVAL.

XIXe SIÈCLE. — ART CONTEMPORAIN.

1410

1411

In the green-room of the Gaité-Theatre, at Paris.

巴黎欢乐剧院的演员休息室。

Au foyer du théâtre de la Gaîté, à Paris.

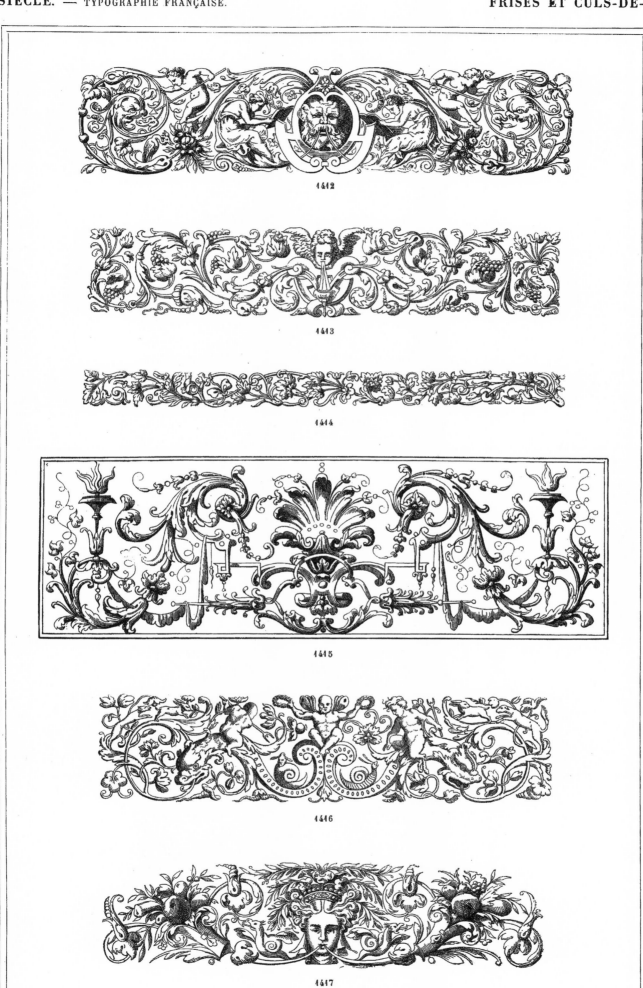

1412

1413

1414

1415

1416

1417

N° 145

5e. Année.

30 Décemb. 1865.

ABONNEMENT ANNUEL
France . . . . 18 fr.
Étranger . . . . 20 fr.
L'Année parue. 25 fr.

L'ART POUR TOUS

ENCYCLOPÉDIE DE L'ART INDUSTRIEL ET DÉCORATIF
Paraissant les 15 et 30 de chaque mois.

PUBLIÉ SOUS LA DIRECTION DE M. C. SAUVAGEOT | FONDÉ PAR M. ÉMILE REIBER, ARCHITECTE

A. MOREL
ÉDITEUR
13, rue Bonaparte
Paris.

XVIIIᵉ SIÈCLE., — ÉCOLE FRANÇAISE.
(LOUIS XVI.)

GROUPE EN TERRE CUITE,
PAR CLODION.
(COLLECTION DE M. E. GALICHON.)

Claude-Michael Clodion was born at Nancy about the year 1745, and died at Paris in 1814. He particularly excelled in the simple and gracious style. His essays in the serious sculpture are far from proving faultless, and in two of his capital works of that kind, *Scamander dried up by Vulcan's fire,* and *Hercules at rest,* one can mark the want of chasteness in the drawing and, above all, of the simplicity which grand and sober sculpture requires. Among his best works may be named : a bathing Female, a young Child bearing grapes, a Nymph feeding turtle-doves, a Vestal keeping in the sacred fire, and finally a young Virgin trying to catch a butterfly. This last composition is remarkable for its grace and unexceptionable execution. Clodion has besides left us a certain quantity of terra-cottas, several of which have been reproduced in bronze: one of these is the one we give in our present number. It belongs to M. E. Galichon, editor of the *Gazette des Beaux-Arts.* Both Satyr and Bacchant are certainly not faultless, yet they present real beauties and a certain skill in the execution, which are to be made account of. At all events, they give a correct idea of Clodion's selectedly adopted manner.

CH. KREUTZBERGER.

1418

克劳德·米迦勒·克洛迪昂（Claude-Michael Clodion）1745 年出生于法国南锡，于 1814 年在巴黎去世，尤为擅长简单亲切的风格。起初创作严肃风格的雕像时还有稍显不足，在他的两件主要作品中：《被伏尔甘（Vulcan）烤干的斯卡曼德洛斯（Scamander）》和《休息的赫拉克勒斯（Hercules）》，你能感受到画作所追求的纯真质朴以及宏伟严肃的雕塑所追求的简洁明了。他最优秀的作品有：《沐浴的女性》、《拿着葡萄的小孩》、《照顾斑鸠的仙女》、《圣火中的赫斯提亚（Vestal）》以及《设法抓住蝴蝶的小女孩》。最后的这件作品优雅别致，无可挑剔。克洛迪昂还为我们留下了相当一部分的赤陶作品，其中有一些复制艺术品是青铜制成的，此页刊登的就是他的作品之一。目前由《美术公报》的编辑 M.E. 加利尚（M.E.Galichon）收藏。当然，这个萨蒂尔（Satyr）和酒神的女祭司不会是完美无瑕的，但作品仍能展示出作家精湛的技艺。所有这些作品都能体现出克洛迪昂的风格。

Clodion (Claude-Michel) naquit à Nancy vers 1745 et mourut à Paris en 1814. Il excellait particulièrement dans le genre naïf et gracieux. Les essais qu'il fit dans la sculpture sérieuse sont loin d'être irréprochables, et dans deux de ses principales œuvres, Scamandre desséché par les feux de Vulcain et un Hercule au repos, on remarque l'absence de pureté dans le dessin et surtout le manque de simplicité qu'exige la grande sculpture. On cite parmi ses meilleurs ouvrages une baigneuse, une jeune enfant portant des raisins, une nymphe attachant sa chaussure, une bergère donnant à manger à des tourterelles, une vestale entretenant le feu sacré, et enfin une jeune fille cherchant à saisir un papillon. Cette dernière composition est remarquable par sa grâce et par une exécution irréprochable. Clodion a laissé aussi un certain nombre de terres cuites, dont plusieurs ont été reproduites en bronze; celle que nous montrons dans ce numéro est de ce nombre. Elle appartient à M. E. Galichon, directeur de la *Gazette des Beaux-Arts.* Ce satyre et cette bacchante ne sont point irréprochables assurément, mais on y remarque cependant des qualités sérieuses et une certaine habileté d'exécution dont il faut tenir compte. Dans tous les cas ils donnent bien l'idée du genre adopté de préférence par Clodion.

FRISES, — ARABESQUES,
PAR G. P. CAUVET.

XVIIIᵉ SIÈCLE. — ÉCOLE FRANÇAISE.
(LOUIS XVI.)

1419

1420

Motifs extraits de l'œuvre de G. P. Cauvet. Les gravures originales ont été exécutées par Le Roy, habile graveur du temps. (Voir les précédentes années de l'Art pour Tous.)

题材出自 G.P. 科韦特（G.P.Cauvet）的作品。最初的雕刻版本由同一时期技艺精湛的艺术家勒·罗伊（Le Roy）完成。参见几年前的此书内容。

Motives from G. P. Cauvet's works. The original engravings were executed by Le Roy, a skilful artist of the same epoch. See preceding years of the Art pour Tous.

MEUBLES,
CANAPÉ COUVERT EN TAPISSERIE.
(COLLECTION DE M. DOUBLE.)

XVIIIᵉ SIÈCLE. — ÉCOLE FRANÇAISE
(FIN DE LOUIS XV.)

1421

这件家具的复制品是向拥有众多收藏品的利奥波德·达布尔（M. Leopold Double）先生借来的，该艺术品光彩今日。上面的织绣画面协调融洽。那些采用其精致的高级经纱作品采用的是布歇（Boucher）的画作，在巴黎哥白林挂毯制作厂完成，完全保留了新颖独特、纯粹自然的特点，根本看不出来已经有近一百年的历史了。似乎是手工人刚刚做出来的。作为主要框架的木质材料进行了鎏金处理，并且进行了雕刻，通过线脚的形式和上面可追溯到路易十六统治时期。这件家具饰物，我们推测出这件作品可追溯上烙印有枫丹白露的字样。很显然是安置于贵族城堡中的客厅或储藏室中。之后我们介绍和这把椅子相配套的两把椅子。

The piece of furniture to-day reproduced is borrowed from the rich collection of M. Leopold Double, and is especially remarkable for the brilliancy and harmony of its covering tapestries. Those very high-warps, made at the Paris Gobelins after Boucher's drawings, have kept up, quite an unusual thing, their entire freshness and primitive purity; and far from looking nearly a hundred years old, their real age, they seem just to come out of the workmen's hand. The wood, that is to say the frame-work, is gilt and carved; the form of the mouldings and their ornamentation already foretell the approaching reign of Louis XVI. On every piece of that household furniture the name of *Fontainebleau* is marked with a hot iron. It was doubtless made to furnish some saloon or closet of that royal castle. In one of our next numbers two of the arm-chairs matching with the principal article will be published.

Le meuble que nous empruntons aujourd'hui à la riche collection de M. Léopold Double, est surtout remarquable par l'éclat harmonieux des tapisseries qui le recouvrent. Ces tapisseries en laine et soie et exécutées aux Gobelins d'après les dessins de Boucher, ont conservé, chose extrêmement rare, toute leur fraîcheur, toute leur pureté primitive ; loin de paraître âgées de près d'un siècle, comme elles le sont réellement, elles semblent sortir de la main des ouvriers. — Le bois, c'est-à-dire la structure du meuble, est sculpté et doré, et la forme des moulures annonce déjà le règne prochain de Louis XVI. — Chaque pièce de ce mobilier porte, marqué au feu, le nom de *Fontainebleau*. Il n'est pas douteux qu'il ait été exécuté pour meubler quelque salon ou quelque cabinet de ce château royal. — Nous publierons dans un de nos prochains numéros deux des fauteuils qui accompagnent la pièce principale, et dont les sujets représentés sur le siége et le dossier sont également de ravissantes pastorales.

XVIᶜ SIÈCLE. — ÉCOLE FRANÇAISE.
(HENRI III.)

MEUBLES, — FRISES,
(PAR A. DU CERCEAU.)

1422

1423

Fig. 1423 reproduces a specimen of *A. Du Cerceau's Cabinets.* (See third year, p. 213 and 267.) In that piece of furniture, wherein almost exclusively predominate the straight line and the right-angled shape, the two leaves of the lower door are decorated with human figures in basso-relievo, separated the one from the other by lion's muzzles into which the handles are made fast. A twine running into a moulding encircles those heads whose projection is very marked; two consols support the intermediate tablet. In the upper portion, richer and finer, we see in the axis of the cabinet a terminal with a figure of Plenty surrounded by fruits; and at each angle the same terminal, but scarcely prominent, is interrupted at the middle to make room for three lean figures out of proportion with the mouldings and ornaments of the piece. On the sides is again seen that same motive of decoration. The crowning contains a plate whereupon an inscription was doubtless to be placed, as frequently seen in the pieces of that kind which have come to us.

Fig. 1422 is a running ornament very complicated and very ingenious.

图 1423 重现了安德鲁埃·迪塞尔索（A. Du Cereau）的橱柜样式（参见第三年，第 213 页和 267 页）。这件家具基本上全都由直线和直角形组成，下面的两个门扇部分装饰着人物造型的浮雕，两边各有一只狮子头，狮子头上固定着拉手。缠绕成型的细绳环绕着这些头颅，头颅明显的凸了出来；两个柱子支撑着中间的牌碑。上面的这部分内容更为丰富也更加精细，位于中线柱子上的端饰，象征着"富饶"的人物形象，周围围绕着水果；每一个角都有柱子，只不过并没有占据主要地位，柱子上有三个瘦高的不成比例的人物形象，且都有线脚和装饰物。可以看到两边有相同的装饰物。最上方是一块带有题词的平板，这样的形式很常见。

图 1422 是非常复杂连续花饰，精巧独特，别具一格。

La fig. 1423 reproduit un spécimen des *Cabinets de A. Du Cerceau* (voy. 3ᵉ année, p. 213 et 267). Dans ce meuble, où dominent presque exclusivement la ligne droite et les formes rectangulaires, les deux vantaux de la partie inférieure sont décorés de bas-reliefs à personnages séparés entre eux par deux mufles de lion où sont fixées les poignées. Un entrelacs maintenu dans une moulure entoure ces têtes dont la saillie est prononcée; deux consoles supportent la tablette intermédiaire. Dans la partie supérieure, plus riche et plus fine, nous voyons dans l'axe du cabinet une gaine terminée par une figure de l'Abondance entourée de fruits, tandis qu'à chaque angle, la gaine, à peine accusée, est interrompue en son milieu pour donner place à trois maigres figures hors d'échelle avec les moulures et ornements du meuble. Les côtés répètent ce motif de décoration. Le couronnement de ce meuble contient une plaque destinée sans doute à recevoir une inscription, comme on en voit fréquemment sur les meubles de ce genre qui nous sont parvenus.

La fig. 1422 est un ornement courant très-compliqué et très-ingénieux du même maître.

5e Année.

N° 146

15 Janvier 1866.

ABONNEMENT ANNUEL
France. . . . . 18 fr.
Étranger. . . . 20 fr.
L'Année parue. 25 fr.

L'ART POUR TOUS
ENCYCLOPÉDIE DE L'ART INDUSTRIEL ET DÉCORATIF
Paraissant les 15 et 30 de chaque mois.
PUBLIÉ SOUS LA DIRECTION DE M. C. SAUVAGEOT | FONDÉ PAR M. ÉMILE REIBER, ARCHITECTE

A. MOREL
ÉDITEUR
13, rue Bonaparte
Paris.

XVIIIe SIÈCLE. — ÉCOLE FRANÇAISE.
(LOUIS XV.)

ÉCRAN EN TAPISSERIE.
(COLLECTION DE M. FOUREAU.)

1424

La partie centrale de cet écran, c'est-à-dire la tapisserie, est exécutée, dit-on, d'après un dessin de Watteau. Nous le croyons volontiers, car tout dans cette composition pastorale rappelle le talent de ce maître gracieux. Deux termes, à gaines, dont la base est cachée par des fleurs, des fruits et des instruments disposés en trophées, supportent deux vases, entre lesquels se dessine la voûte d'un berceau; des guirlandes de fleurs sont suspendues aux treillages du berceau. Au centre de la composition, assis sur un siége des plus ornés, un jeune et élégant berger joue de la flûte en attendant son Estelle. Le chien de ce berger de fantaisie est à ses côtés, tandis qu'un paysage vague et un ciel lumineux occupent le fond du sujet. Un cadre blanc semé d'étoiles règne tout autour de la composition où l'harmonie des couleurs se remarque avant tout. Il faut aussi signaler l'encadrement en bois sculpté de cet écran qui est de l'époque et ne manque pas d'un certain caractère.

中间这部分是一件挂毯，据说该挂毯是根据华托（Watteau）的画作制成的，这一说法比较可信。在这件乡村作品中，每处细节都尽显艺术家的过人天赋。作品两端的底部覆盖着鲜花、水果和作为纪念品的乐器，它们支撑着两个花瓶，中间是挂在架子上的拱形树荫，花环相伴其中。作品的中间，一个衣着讲究的牧羊少年坐在精致的凳子上，一边吹奏着笛子，一边等待着他的牧羊女。牧羊少年的旁边是他的狗，身后背景朦胧，天空散发着光亮。白色的边框布满了星星，画作整体上颜色协调。我们还应注意到，该边框是木质的，具有那一时期的特点。

The central portion of that screen, viz., the tapestry, is said to have been executed from a drawing by Watteau, and we readily believe it; as, in that pastoral composition, every thing calls to mind the talented manner of that graceful artist. Two terminals whose base is covered with flowers, fruits and trophies of instruments, support two vases between which the arch of a bower is seen with garlands hanging from the treillage. In the middle of the composition, a young and smart shepherd is seated on a very ornated stool and plays on his flute while waiting for his shepherdess. By the side of that fancy swain, his dog is seen, and a vague landscape with a luminous sky occupy the back-ground. A white starred border runs along the sides of the composition which is remarkable, above all, for the harmony of the colouring. We must also point out the wooden fram of that screen as being of the epoch and not without a certain character.

XIXe SIÈCLE. — ART CONTEMPORAIN.

FRESQUES, PAR M. JOBBÉ DUVAL.

Dans un des précédents numéros de l'Art pour Tous, nous avons montré les deux grands motifs exécutés par M. Jobbé Duval au foyer du théâtre de la Gaîté. Aujourd'hui nous montrons encore une autre composition du même artiste exécutée également dans la salle du foyer de ce théâtre populaire, et nous en profitons pour dire quelques mots des compositions précédentes que nous n'avons pu décrire faute d'espace. Les deux figures ci-contre représentent, l'une la Peinture et l'autre la Musique. Elles sont inscrites dans un demi-cercle et se détachent sur un fond bleu. La couleur en est fort harmonieuse, le dessin d'une grande énergie et d'une certaine perfection. Toute autre description de ces figures devient inutile, et il est préférable de revenir sur les deux premières compositions publiées déjà et plus importantes que celle-ci.

La figure 1410 représente la Tragédie. Melpomène, le masque tragique en main, occupe le centre de la composition. Elle est assise. A sa droite viennent Œdipe et Antigone, puis à l'angle du sujet Phèdre entourée d'Ulysse, d'Hermione, d'Andromaque et du jeune Astyanax. Au côté gauche nous

voyons debout Clytemnestre et Électre, et à l'extrémité du tableau la vindicative Athalie, sceptre en main, étendue dans une magnifique attitude sur un siège à dossier. Horace, Émilie, Polyeucte et le petit Joas se groupent sur le second plan.

La figure 1411 représente la Danse. De même que Melpomène occupe le centre du premier motif, Terpsichore occupe le centre de celui-ci. Elle est armée d'une lyre. A sa gauche se voit une danse échevelée, une bacchanale, figurée par un faune et une bacchante. L'Ivresse vient ensuite, épuisée de lassitude et la main appuyée sur un tambour de basque. Le buste de Bacchus occupe l'angle du tableau, et deux philosophes se voient sur le second plan. La partie droite nous montre le côté gai, le côté honnête de la danse représenté par deux jeunes femmes et un enfant. Deux musiciens, un homme et un enfant, donnent le rythme à la danse; l'homme, appuyé à la statue du dieu Pan, souffle avec ardeur dans une flûte à pipeaux, tandis que l'enfant joyeusement ses cymbales. Deux spectateurs occupent le fond.

1425

In one of our past numbers we reproduced the two great motives executed by Mr Jobbé Duval in the green-room of the Gaîté-Theatre. We to-day give, besides, another composition of the same artist which adorns too the green room of that popular theatre; and we take this occasion of saying a few words about the preceding compositions which the want of room obliged us to leave undescribed.

The two present figures personify, the one Picture, and the other Music. Both are painted into a semi-circle and detach themselves on a blue ground, with a very harmonious colouring, a powerful drawing and some perfection. It is needless to longer expatiate on those figures, and we prefer returning to the two first compositious already published and of more importance.

Fig. 1410 is a personification of tragedy. Melpomene, seated and holding the tragic mask, occupies the centre of the composition. On her right hand, are seen first Œdipus and Antigone, then, at the angle of the subject, Phædra surrounded by Ulysses, Hermione, Andromache and young Astyanax. On the left, Clytemnestra and Electra, standing up; and, at the end of the picture, vindictive Athaliah sceptred and lying down, in a magnificent posture, on a backed seat. Horace, Emilia, Polyeuctus and little Jehoash form a group on the second plan.

In fig. 1411, dance is impersonated. Like Melpomene, Terpsichora occupies the centre of the motive. She holds a harp. On her left hand, is seen the loose dancing, in a bacchanal figured through a Faun and a Bacchaut. Then follows Drunkenness worn out with fatigue and leaning her hand upon a tambourine. The bust of Bacchus occupies the angle of the picture and two philosophers are seen in the back-ground. The right part shows us the joyful but decent dancing represented by two young females and a child. This dance is timed by two musicians, a man and a child; the man, leaning on the statue of the god Pan, blows heartily his rural pipe, whilst the child joyously clangs his cymbals. Two spectators occupy the back-ground.

之前我们复制了由乔布·杜瓦尔（Jobbe Duval）创作的状乐剧院的演员休息室。现在我们要介绍他的另一幅作品，也是用于装饰这间剧院演员休息室的。借此机会，我们还要简单介绍一下之前由于篇幅限制未能充分介绍的作品。

这两个人物形象分别代表了"美术"和"音乐"的拟人化形象。这两个形象都绘制在半圆形中，背景是蓝色的，色彩协调，极具感染力。至此，我们不再过多介绍这幅画作。接下来我们会着重讲解前面已经复制过的两幅作品。

（图 1410 是"悲剧"的化身。在作品的中央，坐着的墨尔波墨（Melpomene）拿着悲剧的面具。在她的右手边，首先是俄狄浦斯（Œdipus）和安提歌尼（Antigone），边角的墨尔波墨尼（Astyanax）。左边站着的忒尔墨塞斯特拉（Clytemnestra）厄特克特拉（Electra）。这幅画作的末端是掌握统治权以存报复的亚他利雅（Athaliah），以高贵的姿势躺在靠背椅上。霍那斯（Horace）、艾米莉亚（Emilia）、波利亚克特（Polyeuctus）和小约阿施（Jehoash）组成了第二层面。

图 1411 是"歌舞"的化身。像墨尔波墨一样，手持竖琴的忒耳西科瑞（Terpsichora）占据了这幅画面中央的位置。在她左手边，是自由舞蹈，狂饮作乐的牧神和酒神祭司，后面是满身疲惫依着在铃鼓上的酒神。巴克斯（Bacchus）占据画作的角落位置，后面是两个哲学家。右半部分是两个年轻女性和一个小孩，虽然他们非常高兴，但舞姿优雅得体。两个音乐家——个男人和一个小孩，为这只舞奏乐；男人靠在潘（Pan）的雕像上，吹奏着乡村笛，儿童开心的打着铙，后面站着两个劳观者。

XVIe SIÈCLE. — ORFÉVRERIE PERSANE.   **ACCESSOIRES DE TABLE, — AIGUIÈRE.**
(COLLECTION DE M. DE SAINT-MAURICE.)

1426·

Est-ce une théière ou simplement une aiguière que nous avons devant les yeux? Cela importe peu, il nous semble. Il est certain par exemple que cet objet, dont la forme est heureuse, les ornements exquis, offre un véritable intérèt : il méritait d'entrer dans la collection de l'*Art pour Tous*. Cet objet appartient-il réellement aussi au XVIe siècle, comme on nous l'a affirmé? Il nous est difficile de nous prononcer d'une façon absolue à ce sujet, l'art persan nous étant beaucoup moins familier que l'art de notre pays. Nous nous bornerons à dire que les ornements qui décorent toutes les parties de cette aiguière sont de même nature et obtenus par le même procédé. Toutes ces fleurs, tous ces ornements courants, ces entrelacs ingénieux, sont en argent, incrustés sur un fond très-coloré, presque noir et d'une grande solidité : ce fond s'applique sur la surface du métal qui donne la forme du vase. Le plateau ou bassin de cette aiguière est de forme carrée et décoré comme elle, mais d'un aspect beaucoup moins agréable. Hauteur de l'objet, 33 centimètres.

我们似乎很少介绍茶壶或是单独介绍一个水罐，不过这无所谓。这件作品形状巧妙，装饰细致，值得收录进此书的藏品中。不过这件作品真的属于 16 世纪吗？我们不敢肯定，因为波斯艺术和我们国家的艺术有很大差异。我们只能说上面的装饰特点相同，而且是通过相同部门得到的。所有花朵、装饰、花纹都是银制的，镶嵌在亮色金属上，新颖独特。托座是方形的，和上面的装饰相似，但是样子并没有那么讨人喜欢。作品高 33 厘米。

It is of very little moment, in our opinion, whether we have here a tea-pot or simply an ewer; what does it matter? But we assuredly see in that object, whose shape is happy and the ornamentation exquisite, a most interesting piece of workmauship which deserves to form a part of the collection of the *Art pour Tous*. Does that article really belong, as it is affirmed, to the XVIth century? It is difficult to give a positive answer to that question, as the Persian art is much less familiar to us than that of our own country. We will only say that the ornaments which adorn every portion of that ewer are of the same nature and obtained through the same agency. All those flowers, those running ornaments, those ingenious twines are in silver, inlaid on a highly coloured and very substantial ground charged on the surface of the metal which gives the vase its form. The tray, or basin, of that ewer is square-shaped and likewise decorated, but with a much less agreable appcarance. Height of the object : 33 centimetres.

XVIIIe SIÈCLE. — ÉCOLE FRANÇAISE.　　　　　　　LIT A LA DAUPHINE,
(LOUIS XV.)　　　　　　　PAR BLONDEL.

1427

D'après une gravure de Charpentier, exécutée sur un dessin de Blondel.　　　由夏邦杰（Charpentier）雕刻而成，出自布隆德尔（Blondel）的画作。　　　From an engraving by Charpentier, executed on a drawing of Blondel.

5e Année.

N° 147

30 Janvier 1866.

ABONNEMENT ANNUEL
France. . . . 18 fr.
Étranger. . . . 20 fr.
L'Année parue. 25 fr.

L'ART POUR TOUS
ENCYCLOPÉDIE DE L'ART INDUSTRIEL ET DÉCORATIF
Paraissant les 15 et 30 de chaque mois.
PUBLIÉ SOUS LA DIRECTION DE M. C. SAUVAGEOT | FONDÉ PAR M. ÉMILE REIBER, ARCHITECTE

A. MOREL
ÉDITEUR
13, rue Bonaparte
Paris.

XVIe SIÈCLE. — ÉCOLE ITALIENNE.
(COLLECTION DE M. DE NOLIVOS.)

FRISES, — ORNEMENTS COURANTS,
PAR NICOLETTO, DE MODÈNE.

Amongst the many old drawings which got a place in the retrospective Exhibition, those by Nicoletto di Modena, an Italian master of the 16th century, obtained a special notice.

Some of the exhibited drawings belong to Mr. E. Galichon; the own of the others, among which the present one is to be numbered, is Mr. de Nolivos, whose rich collection of artistic works, at the late exhibition, attracted everybody's attention. All the drawings of Nicoletto di Modena were executed with the pen in a free and energetic hand indicative of improvisation; in fact, the strokes are often incorrect and written over, but they leave in its native liberty the artist's fancy, which runs, so to say, along the vellum, and both lavishly and tastefully stores the rectangular frames which it has chosen.

The drawing here reproduced is formed of horizontal bands with running ornaments: the two intervening bands have angularly disposed squares the centre of which contains variegated foliages.

Each angle tie, produced by the squares and the horizontal lines, is decorated with flowers, small figures and arabesques the style of which is at once nice and original; while the grounds, set off with violet and light yellow colours, show everywhere the work of the hatchings.

1628

回顾展上有很多古老的画作，这些出自16世纪意大利大师尼科莱特·摩纳德（Nicoletto di Modena）之手的作品值得关注。

一些展出的画作属于加利尚（E. Galichon），另外一些包括这里呈现的这幅都属于德诺利沃斯（Mr. de Nolivos）先生，他收藏了很多艺术作品，吸引了众多目光。摩纳德的所有画作线条恣意流畅，充满力量，显示出即兴创作的特点；但事实上很多线条都有问题，且重复描绘，但是作者喜欢这样天然的自由感。作者在牛皮纸上绘出大量优美雅致的方形。

复制在这里的画作是连续的水平条纹：中间的两幅画中是成角度的方形，其中心包含有各种叶涡卷饰。

方形创造出来的夹角由鲜花、一些小的图形和蔓藤花饰装点而成，细致新颖。在紫罗兰色和亮黄色的映衬下，整个背景都显出影线的效果。

Parmi les nombreux dessins anciens qui avaient trouvé place à l'Exposition rétrospective, ceux de Nicoletto de Modène, maître italien du commencement du XVIe siècle, étaient particulièrement remarqués.

Quelques-uns des dessins exposés appartiennent à M. E. Galichon; les autres, celui-ci est du nombre, sont la propriété de M. de Nolivos, dont chacun a pu remarquer à l'Exposition la riche collection d'objets d'art. Tous les dessins de Nicoletto de Modène sont exécutés à la plume d'une façon énergique et libre qui décèle l'improvisation: en effet, les traits sont souvent surchargés et incorrects, mais ils laissent libre la pensée du maître, qui court pour ainsi dire sur le vélin et meuble avec une incroyable variété, une profusion de bon goût, toutes les formes rectangulaires qu'elle s'est données pour cadre.

Le dessin que nous reproduisons est formé de bandes horizon-tales semées d'ornements courants: les deux bandes intermé-diaires sont chargées de carrés placés d'angle, dont le centre contient des rinceaux variés.

Chaque écoinçon produit par les carrés et les lignes horizon-tales est décoré de fleurons, de figurines et d'arabesques d'un goût à la fois original et délicat, tandis que les fonds, rehaussés de violet ou de jaune clair, laissent voir partout le travail des hachures.

FRESQUES, PAR M. JOBBÉ DUVAL.

XIXᵉ SIÈCLE. — ART CONTEMPORAIN.

Ces deux figures, c'est-à-dire l'Architecture et la Sculpture, complètent la série des peintures décoratives du théâtre de la Gaîté commencée dans les précédents numéros de l'Art pour Tous. Pour ne rien omettre, nous aurions dû peut-être montrer également les deux grandes figures représentant le Drame et la Comédie qui se voient dans la salle principale, au-dessus du rideau. Nous aurions pu montrer aussi dans la salle du foyer les quatre motifs peints dans les écoinçons et qui s'ajoutent aux deux tableaux en largeur où sont représentées la Danse et la Tragédie; mais il ne fallait pas oublier, quel que soit le mérite de toutes ces œuvres peintes, que le cadre de notre publication a ses bornes et que maints autres sujets d'une certaine valeur attendent aussi les honneurs de la publication. Pour combler cette lacune regrettable mais nécessaire pourtant, nous essayerons de compléter par une description ce qu'il ne nous est pas possible de reproduire par la gravure. Ainsi les

deux figures de la grande salle dont nous avons parlé plus haut, et dont la composition · seule est de M. Jobbé Duval, sont remarquables par leur beau mouvement et par un dessin savant et magistral. L'exécution en est due à M. L. Duveau. Quant aux motifs traités dans les écoinçons du foyer, ils ne sont pas non plus dénués de mérite, et ce sont eux surtout que nous regrettons de ne pouvoir montrer. Au côté droit de la série de personnages tragiques entourant Melpomène, on voit l'Amour appuyé sur son arc; il regarde en souriant ceux qu'il va atteindre de ses traits. A gauche, la Haine, aux ailes de chauve-souris, se retourne et cache son poignard. Du côté de la Danse, à droite, on a représenté le dévouement par un enfant qui brise des chaînes, et à gauche le vice qui lui est opposé, c'est-à-dire l'égoïsme, les yeux hagards, la face inquiète et tourmentée : il cache un trésor devenu stérile et pour lui et pour les autres.

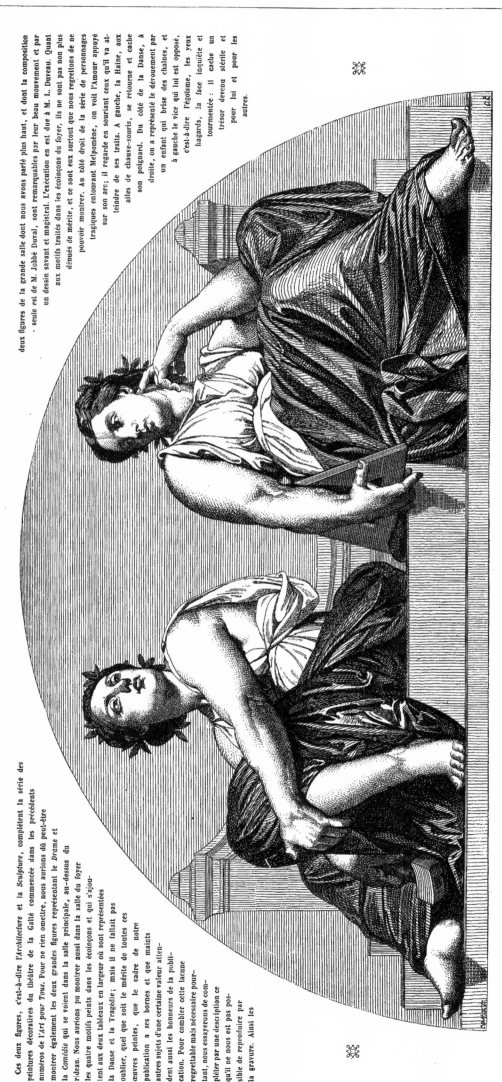

4429

These two figures, viz., Architecture and Sculpture, complete the set of the decorative pictures in the Gaîté theatre, which we began to reproduce in the previous numbers of the Art pour Tous. Perhaps we should also have given, to leave nothing out, the two large figures impersonating Drama and Comedy, which stand in the great hall above the curtain. We could show too, in the green-room, the four motives decorating the angle ties, as an addition to the broad-wise executed pictures which personify Dance and Tragedy; but we must bear in mind that, however fine are those works, the compass of our publication has its proper limits, and many other subjects of value are waiting for the honour of appearing before our readers. To narrow this to-be-regretted but quite necessary gap, we do actually try to complete, by a description, that which we cannot reproduce through an engraving. Let us then say that the two figures of the great hall, of which we spoke above and whose composition only is by Mr. Jobbé Duval, are remarkable for their fine action and their skilful and masterly drawing. The execution is by Mr. E. Duveau. As to the motives in the angle ties of the green-room, they are far from being worthless, and we feel particularly sorrowful to be unable to show them. Cupido leaning on his bow is seen at the right of the series of tragic characters surrounding Melpomene. He looks smiling upon those whom he is going to' pierce with his arrows. On the left, Hatred, with bat's wings, is turning and concealing a dagger. Towards Dance, on the right, Devotedness is personified by a child breaking some chains, and on the left, the contrary vice, viz., Selfishness, wildly looking and with an unquiet and distressed face, hides a treasure as useless to its master as to anybody else.

一个建筑师和一个雕刻师共同完成了欢乐剧院中的这一系列的装饰画。我们在此书的前面部分就已经开始介绍这一系列的作品了。为了体现人格化的歌舞形象和悲剧形象合合的智慧，作为补充，我们也可以展示演员休息室中的这四件作品；但是不论这些作品多么精致优秀，我们应该始终铭记，我们及可能的对那些无法通过雕刻和印刷复制的这幅作品上来，由乔布·杜瓦尔（Jobbe Duval）单独构图。其中人物形象动作优美，这画行制作的是都沃（E. Duveau）先生。进行制作的是都沃（E. Duveau）先生。

一个建筑师和一个雕刻师共同完成了欢乐剧院中的这一系列的装饰画。我们在此书的前面部分就已经开始介绍这一系列的作品了。为了体现人格化的"戏剧"和"喜剧"。为了体现人格化的歌舞形象和悲剧形象合合的智慧，作为补充，我们也可以展示演员休息室中的这四件作品；但是不论这些作品多么精致优秀，由于出版版面篇幅的限制，我们也无法完全展示出来，因为还有很多其他题材的作品需要呈献给读者。为了避免遗憾，我们尽可能的对那些无法通过雕刻和印刷复制的此页的这幅作品上来，由乔布·杜瓦尔（Jobbe Duval）单独构图。现在，引人瞩目，进行制作的是都沃（E. Duveau）先生。演灵休息室中的作品行值注城，很遗憾无法将它们展示给大家。在一系列"悲伤"形象的右边，丘比特（Cupid）倚着他的弓，围绕着墨尔波墨涅，在右边面向着"歌舞"这一形象的他面带笑容，准备将箭射出去。在左边是人格化的"憎恨"，长着蝙蝠的翅膀，藏着一把匕首，在右边面向着"歌舞"这一形象的是"自私"，目光凶狠，表情焦躁腼忧，藏着一件别人不需要但他自己也不需要的珍宝。

XVIᵉ SIÈCLE. — FONDERIES ITALIENNES.
ÉCOLE DE PADOUE.

HEURTOIR OU MARTEAU DE PORTE,
EN BRONZE.

PROFIL.

FACE.

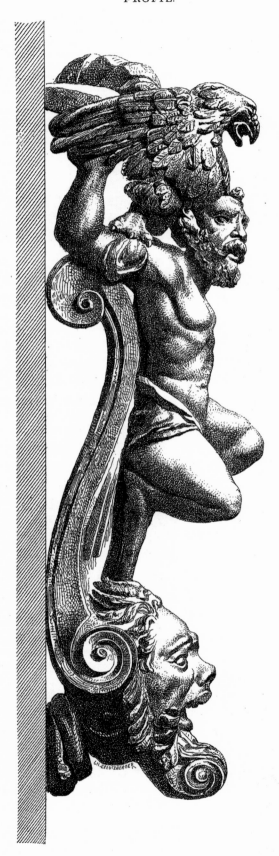

4430

4431

Ce heurtoir montre un satyre à la face vulgaire adossé à une console qui se termine en bas par un masque saillant. Le satyre porte sur ses robustes épaules un aigle dont les ailes sont déployées. Cette pièce italienne du XVIᵉ siècle est moins décente que notre gravure ne l'indique, et l'on ne peut s'empêcher en l'examinant de trouver étrange qu'un objet aussi en vue que celui-ci, destiné à être effleuré par tout le monde, soit aussi peu convenable au point de vue des mœurs. A part l'inconvénient que nous signalons, ce heurtoir italien est une belle œuvre pleine de mouvement et d'entrain. Le bronze, très-coloré, donne 34 centimètres de hauteur.

在这个门环上我们看到相貌粗俗的萨蒂尔（Satyr），他背倚着蜗形装饰的下端，最下方是凸出的面具。强壮的肩膀上站着一只展翅的老鹰。实际上这件 16 世纪的意大利作品不如我们的版画精致，你可能会觉得奇怪，这样一件引人注目的作品并且要经受那么多人的触碰，为什么在创作的时候没有考虑道德因素。除了这个不恰当的地方，这件意大利门环充满朝气和激情。青铜的颜色上乘光亮，整体高 34 厘米。

In this knocker is seen a Satyr with a vulgar face, his back leaning against a consol the lower end of which is terminated by a prominent mask. The robust shoulders of the satyr bear an eagle with outspread wings. This Italian piece of the 16th century is less decent in reality than in our engraving, and one cannot help thinking strange, to say the least, that so visible an object and one which so many persons were to graze, may have been executed with so little regard to morals. Save that impropriety, which we denounce, the Italian knocker is a fine piece of work full of life and fire. The bronze, of very high colour, is 34 centimetres in height.

XVIIIe SIÈCLE. — ÉCOLE FRANÇAISE.
(LOUIS XVI.)

PANNEAUX, — ARABESQUES,
PAR P. I. PRIEUR.

1432   1433

Ces deux pièces, tirées de l'un des grands cahiers d'arabesques de Prieur, font suite à celles qui ont déjà été publiées dans le 4e volume de l'*Art pour Tous*, pages 410 et 456. Les mêmes qualités et les mêmes défauts s'y rencontrent : si la composition est élégante et ingénieuse, des fautes de dessin existent en revanche dans plusieurs parties des figures. Assurément ces taches n'ôtent rien au mérite de l'invention, et le graveur sans doute est seul coupable, mais on aimerait à rencontrer dans ces gravures le mérite de l'exécution joint à celui de l'invention.

　　这两件作品选自普里厄（Prieur）关于介绍蔓藤花饰的著作之一，是对已经刊登在此书第四年第410页和456页系列内容的补充介绍，因此在这两件作品中我们会遇到相似的特质和缺陷：虽然这两件作品精致优雅技艺高超，但是绘图中出现的缺点使作品有一定的瑕疵。这些缺点并没有夺去创作的优点，而且出现差错的肯定是雕刻师，但除了创作的美感外，人们还想从雕刻中体会到作品的美。

These two pieces, from one of the large books of arabesques by Prieur, are the continuation of the series already published in the fourth vol. of the *Art pour Tous*, pp. 410 and 456. In them, the same qualities and faults are met with : so, while the composition is elegant and skilful, defects in the drawing will mar several portions of the figures. Those blots assuredly take nothing from the merit of the invention, and the engraver is doubtless the sole culprit ; but one should like to find in those engravings the execution equal in beauty to the invention.

5e Année.

Nº 148

15 Février 1866

ABONNEMENT ANNUEL
France . . . . . 18 fr.
Étranger . . . . 20 fr.
L'Année parue. 25 fr.

L'ART POUR TOUS
ENCYCLOPÉDIE DE L'ART INDUSTRIEL ET DÉCORATIF
Paraissant les 15 et 30 de chaque mois.
PUBLIÉ SOUS LA DIRECTION DE M. C. SAUVAGEOT | FONDÉ PAR M. ÉMILE REIBER, ARCHITECTE

A. MOREL
ÉDITEUR
13, rue Bonaparte
Paris.

ANTIQUES. — BRONZE GRECO-ROMAIN.
DE L'ÉPOQUE D'AUGUSTE.

MASQUE DE BACCHUS.
(COLLECTION DE M. DE NOLIVOS.)

1434   1435

Le masque ci-dessus, dont la partie supérieure est garnie d'un anneau, a dû être appliqué sur un vase ou sur un meuble précieux.

La valeur artistique de ce Bacchus, aux oreilles de chèvre, couronné de feuilles de lierre et de corymbes, est peut-être inférieure, mais le caractère décoratif y est en revanche parfaitement compris et accusé. C'est une belle pièce d'application industrielle et d'une charmante couleur vert antique, qui a d'abord fait partie de la collection Pourtalès, puis figuré au Musée rétrospectif, dans la vitrine de M. de Nolivos. Elle vient d'être vendue ces jours derniers au prix de 2100 fr. (Grandeur de l'original.)

这件作品的上半部分是一枚戒指，它可能会被放在花瓶上或一件珍贵的家具上。

酒神巴克斯（Bacchus）的脑袋上长着山羊的耳朵，带着伞房花序和常春藤叶子编织的王冠，它作为艺术品的价值可能不是很高，但是它作为装饰物的属性明显，做工精致。其中运用了工业技术，颜色是古绿色。最初属于普塔莱斯（Pourtales），之后出现在回顾博物馆里德诺利沃斯先生（Mr. de Nolivos）的玻璃柜中。

The above mask, whose upper part is furnished with a ring, was probably put on a vase or a precious article of furniture.

This head of Bacchus, with goat's ears and a crown of ivy-leaves and corymbs, has perhaps an inferior value as a work of art; but, in return, its decorative character is perfectly understood and nicely worked out. It is a fine piece of industrial application, and with a lovely colour of *Antique vert*, which was first a part of the Pourtalès collection, and afterwards figured at the Retrospective Museum, in Mr. de Nolivos's glass-case. It has just been sold at the price of 2100 fr., or L. 84. (As large as the original.)

XVIIIe SIÈCLE. — ÉCOLE FRANÇAISE.
(LOUIS XVI.)

PANNEAUX DE PORTE,
PAR SALEMBIER.

这三件作品的作者是莎伦贝尔（Salembier），用来装饰门上的镶板，是已刊登在此书第二年第190页中的补充介绍；它们的结构相同，装饰物和其中塑像的风格相同，这样精致的作品有时会出现不足的地方；作家的想象力丰富，创作时的热情源源不断。但你会发现，似乎是为了填满整个背景，中间部分出现了太多的树枝。（摹本）

1436

1437

1438

Ces trois compositions de Salembier, destinées à orner des panneaux de porte, font suite à celles déjà reproduites dans la 2e année de l'Art pour Tous, page 190; le même cadre est adopté, les ornements et les figures sont conçus dans le même esprit, et leur élégance dégénère parfois en maigreur; mais l'imagination et la verve du maître demeurent intarissables et au-dessus de toute critique. On serait tenté de blâmer cependant l'abus des brindilles qui courent dans les intervalles avec mission de meubler le fond.

(Fac-simile.)

These three compositions by Salembier, which were to ornament door's panels, are a continuation of those already published in the 2nd year of the *Art pour Tous*, p. 190; they have the same frame, their ornaments and figures are in the same style, and their elegance sometimes degenerates into meagreness; but the master's imaginative power and fire in executing remain inexhaustible and above all critics. Yet, one cannot help feeling disposed to find too many those twigs running along in the intervals, with the mission of filling up the back-grounds.

(Fac-simile.)

L'ASTRONOMIE.
(DESSIN PAR ÉTIENNE DE LAUNE.)
(COLLECTION DE M. E. GALICHON.)

XVIᵉ SIÈCLE. — ÉCOLE FRANÇAISE.
(FRANÇOIS Iᵉʳ.)

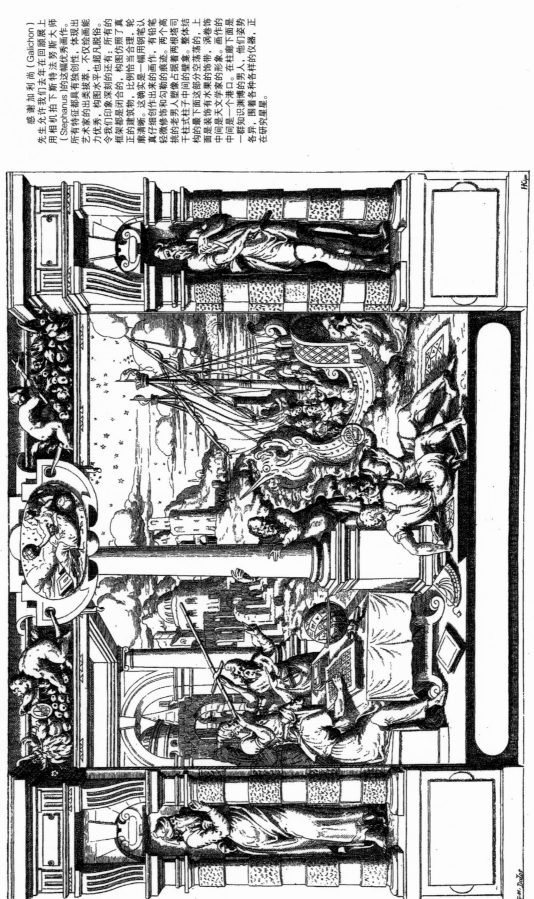

感谢加利尚（Galichon）先生允许我们去年在回顾展上用相机拍下斯忒法努斯大师（Stephanus）的这幅优秀画作。体现出所有特征都具有独创性，不仅绘画能力优秀，构图水平也超凡脱俗。令我们印象深刻的还有：所有的框架都是闭合的，构图仿照了真正的建筑物，比例恰当合理，轮廓清晰。这确实是一幅用钢笔真仔细创作出来的勤勉笔迹。两个高轻微修饰和勾勒的痕迹。上面装饰有水果的饰带，涡卷饰挑的老男人塑像占据着两根矯司干柱式柱子中间的壁龛。整体结构的最下面这部分空荡荡的，上中间是天文学家的形象。画作的中间是一个港口。在柱廊下面是一群知识渊博的男人，他们姿势各异，围着各种各样的仪器，正在研究星星。

This fine drawing, which the kindness of Mr. Galichon enabled us to have had photographied last year at the Retrospective Exhibition, is certainly the work of Étienne de Laune (Master Stephanus); at least, it has all its characteristic parts point to this very origin; it has all the eminent qualities of the artist, not only his power of execution, but also his marvellous gift of composition. We were impressed, too, in looking at this drawing, with the idea that it could be rigorously possible to have the frame enclosing that composition executed in real architecture, so right and analytical are its proportions, so correct its outline. It is indeed a beautiful drawing most carefully and patiently made with the pen. It is lightly retouched and modelle.. with the pencil; two long statues of old men occupy the niches between two columns of Tuscan order with drums on their shafts. The lower portion of the frame is bare, and the upper one shows, hooked on a frieze ornated with fruits, a cartouch whose centre contains a figure of Astronomy. The middle of the picture shows a sea-port. Under a portico, learned men, in various postures and surrounded with numerous instruments, are studying the stars.

exécuté à la plume avec le plus grand soin et avec une patience prodigieuse. Il est légèrement rehaussé et modelé au pinceau; deux longues statues de vieillards occupent les niches placées entre deux colonnes d'ordre toscan divisées par des tambours. La partie inférieure du cadre est nue, la partie supérieure montre, accroché sur une frise ornée de fruits, un cartouche dont le centre contient une figure de l'astronomie. Le milieu du tableau montre un port de mer : sous un portique, des savants dans diverses attitudes et entourés de nombreux instruments étudient les astres.

Ce beau dessin que, grâce à l'obligeance de M. Galichon, nous avons pu faire photographier l'an passé au Musée rétrospectif, est bien l'œuvre d'Étienne de Laune (maître Stephanus); il en a du moins tous les caractères et en offre toutes les qualités. Remarquable déjà par la perfection de l'exécution et par une entente merveilleuse de la composition, ce dessin nous a aussi frappé par ce fait que l'architecture qui encadre la composition pourrait à la rigueur se construire, tellement les proportions en sont justes et raisonnées et le tracé exact. C'est vraiment un beau dessin

COMPOSITIONS DE VASES,
PAR PETITOT.

XVIIIᵉ SIÈCLE. — ÉCOLE FRANÇAISE.
(LOUIS XVI.)

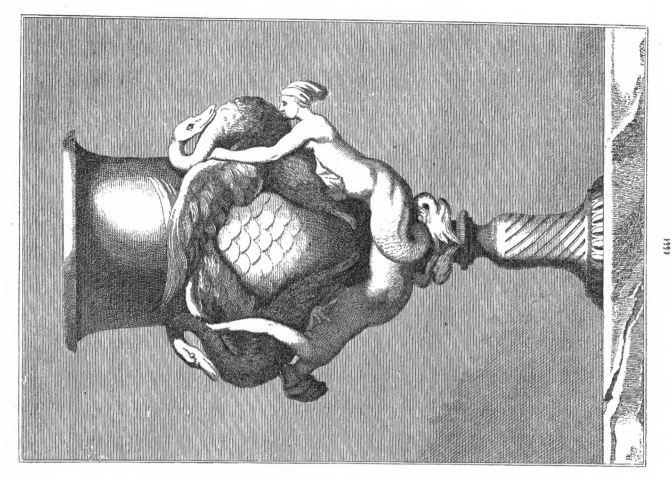

4441

4440

Ces deux compositions de Petitot, gravées par Bossi, sont extraites d'un recueil de vases, publié dans les premières années du règne de Louis XVI. Les gravures en sont généralement bien exécutées, mais les compositions, presque toujours étranges, laissent souvent à désirer.

这两件作品的构图由珀蒂托（Petitot）完成，由波西（Bossi）进行雕刻，作品出自路易十六世统治前期一本关于花瓶的书。雕刻技术没有什么可挑剔的，但是构图却很是奇怪，在构图上仍需有所改进。

Those two compositions of Petitot, engraved by Bossi, are from a book of vases published in the first years of the reign of Louis XVI. The engravings are generally well executed; but the composition, always or nearly so odd and akward, leaves often something to be desired.

N° 149

5e Année.

28 Février 1866.

L'ART POUR TOUS
ENCYCLOPÉDIE DE L'ART INDUSTRIEL ET DÉCORATIF
Paraissant les 15 et 30 de chaque mois.
PUBLIÉ SOUS LA DIRECTION DE M. C. SAUVAGEOT | FONDÉ PAR M. ÉMILE REIBER, ARCHITECTE

ABONNEMENT ANNUEL
France. . . . . 18 fr.
Étranger. . . . 20 fr.
L'Année parue. 25 fr.

A. MOREL
ÉDITEUR
13, rue Bonaparte
Paris.

XVIᵉ SIÈCLE. — ÉCOLE FRANÇAISE.
(HENRI II.)

COUVERTURE DE LIVRE.
(COLLECTION DE M. A. FIRMIN DIDOT.)

Unter allen Sammlungen seltener Bücher und Manuscripte besitzt jedenfalls Herr F. Didot die größte oder wenigstens die werthvollste. Durch besondere Vergünstigung, für die wir sehr zu Dank verpflichtet sind, ist es uns vergönnt, diese vorzügliche Collection zu benutzen; wir haben daher einige Bände aus dem sechzehnten Jahrhundert gewählt, die sich vorzugsweise durch besonderen Geschmack und theilweise durch großen Reichthum der Verzierungen auszeichnen. Unter die Zahl der Letzteren gehört das beigegebene Muster; es ist mit dem Wappen der Montmorency geziert und jedenfalls für ein Glied dieser berühmten Familie angefertigt. Die Mitte des Einbandes ziert unter einer Krone das Wappenschild der Montmorency von den Insignien des Sankt-Michael-Ordens eingefaßt. Weiße, durchbrochene Zierrathen, größtentheils durch geometrische Linien gebildet und in erhabener Arbeit ausgeführt, schließen das Mittelstück ein, während graziöse Arabesken in leichter Goldpressung sich frei durch die steifen Formen der Entrelacs schlingen. Eine Einfassung, mit unendlich feinen Ornamenten geschmückt und durch eine Franse begrenzt, reiht sich an einen breiten, weißen Rand, um, mit diesem vereint, die so schöne Decoration auf dem farbigen Schafleder scharf hervortreten zu lassen. Man liest auf der ersten Seite des werthvollen Buches: I tre libri di messer Giovan Battista Suzzio, della ingiustitia del duello e di coloro che lo permettono, con la tavola delle cose piu notabili all' invittissimo et christianissimo Henrico secundo, re di Francia. Weiter unten, am Ende der Seite: In Venegia appresso Gabriel Gioletto de Ferrari et Fratelli MDLV.

收藏珍本书籍和手稿的收藏家中，M.F. 迪多特（M.F.Didot）先生确信自己的藏品可能不是最多的，但却是最珍贵的。能够有机会对此进行临摹，我们心怀感激。我们选择了一些 16 世纪的封皮，精致细腻，装饰多样。正如我们今天所介绍的这件，上面印有蒙莫朗西（Montmorency）徽章，该作品是为了这一显赫家族的某位成员而创作的。封皮的中间部分是盾形饰牌，上面是一顶王冠，带有圣迈克尔（Saint-Michael）勋章的链圈围在周围。一条白色几何线条的编饰，其成分是糊状物的装料，围绕在主题周围；而一些优雅的装饰品，经过轻微镂空和镀金处理，自由地在编饰中穿行。边缘是闭合扭曲的缘线，连续的花饰恰到好处，周围一圈是白色的带状物，围绕着整个画面，衬托着这些在彩色羊革上的装饰物充满了活力。下面的意大利文题词写在这本书的卷首："I tre libri di messer giovan Battista Suzzio, della inguistitia del duello e di coloro che lo permettono, con la tavola delle cose piu notabili all' invittissimo et christianissimo Henrico secundo, re di Francia"。在这页的最底端是："In Venegia appresso Gabriel Giolletto de Ferrari et Fratelli MDLV"。

SAUVESTRE

1442

De tous les collectionneurs de livres rares et de manuscrits, M. F. Didot est assurément celui qui en a réuni le plus grand nombre et, dans tous les cas, les plus précieux. Admis par une faveur dont nous sommes extrêmement reconnaissant à puiser dans sa merveilleuse collection, nous avons fait choix de plusieurs reliures du xviᵉ siècle d'un goût exquis et souvent d'une grande richesse de décoration.

Celle que nous présentons est du nombre; elle est aux armes des Montmorency et exécutée par conséquent pour un membre de cette illustre famille. L'écu des Montmorency occupe le centre de la reliure; il est surmonté d'une couronne et entouré du collier de l'ordre de Saint-Michel. Un entrelacs blanc, obtenu en grande partie par des formes géométriques et formé d'une pâte appliquée, entoure le motif principal, tandis que de gracieux ornements, légèrement en creux et dorés, courent librement à travers les formes sévères de l'entrelacs. Une bordure fermée par une torsade et meublée d'un ornement courant d'une incroyable finesse vient, en compagnie d'un large filet blanc, enclore toute cette belle décoration qui ressort partout franchement et vigoureusement sur le fond coloré de la basane.

On lit à la première page de ce précieux livre : *I tre libri di messer Giovan Battista Suzzio, della ingiustitia del duello et di coloro che lo permettono, con la tavola delle cose piu notabili all' invittissimo et christianissimo Henrico secundo, re di Francia.* Puis tout au bas de la page : *In Venegia appresso Gabriel Gioletto de Ferrari et Fratelli MDLV.*

XVe SIÈCLE. — FERRONNERIE FRANÇAISE.　　　　VERROU ET ENTRÉE DE SERRURE.

SAUVESTRE

1443

La réunion ingénieuse d'un verrou et d'une entrée de serrure suffirait déjà à attirer l'attention, si la richesse et le bon goût de l'objet que nous reproduisons n'étaient qualités suffisantes. Tout ici se trouve en effet d'un travail exquis et soigné ; on a peine en vérité à s'imaginer que le fer ait pu se prêter au rendu de formes si fines et si complexes. Les objets les plus ordinaires étaient souvent chez nos aïeux matière à enseignement ; aussi voyons-nous sur cette œuvre de fer la légende de la tentation naïvement représentée. Au centre de l'objet le serpent, la queue enlacée au tronc d'un arbre, présente la pomme à Ève la blonde. Le rustique personnage de gauche, en costume de l'époque, ne saurait évidemment être pris pour Adam ; mais quel peut-il être et quel est son rôle dans ce naïf épisode de la Genèse ? Ne doit-on pas supposer que la figure du premier homme, disparue par une cause quelconque, aura été remplacée par ce grotesque personnage hors d'échelle avec le reste ?

门栓和锁孔巧妙的结合值得大家的注意，不过这件作品的丰富性和优秀的表现形式更能吸引大家的目光。每一个细节都透露出作者的小心翼翼和精细的手法，很难想象铁制品能如此温顺的被打造成如此精巧复杂的结构。对于我们祖先来说，最常见的物品通常具有教诲意义，所以这件铁器为我们巧妙的呈现了传说故事：最初的诱惑。这件作品的中间是一条蛇，尾巴缠着树干，向伊娃（Eve）递出一个苹果。左边的形象淳朴简陋，根据那一时期的服饰我们本来是认不出来亚当（Adam）的，但是他在这一事件的起源中充当了什么角色？这一丑陋的形象代替了第一个男性的形象，与整幅画格格不入，是不是因为什么原因而遭到了丑化？

The ingenious combination of a bolt with the hole of a lock should already well deserve attention, but for the richness and good style of the object here represented, which prove eminently attractive. In fact, we do find here in everything a careful and exquisite working ; and it is difficult to realize that iron would so compliantly render into so fine and complex forms. With our forefathers, the most common article was often a field for instruction ; so do we see, on this iron work, the legend of the first temptation ingenuously represented. On the middle of the object, the Serpent, with its tail coiled round the trunk of a tree, is offering the apple to fair Eve. In the rustic personage, at the left and in the garb of the epoch, we ought not to recognize Adam ; but what is and what may be the part he is playing in that artless episode of the Genesis ? And is it not probable that this grotesque figure, out of proportion with the rest, was put in the stead of the figure of the first man, actually defaced from some cause or other ?

XVIᵉ SIÈCLE. — SCULPTURE ITALIENNE.
(ÉCOLE DE PADOUE.)

MIROIR EN BOIS SCULPTÉ.
(COLLECTION DE M. SICARD.)

1444

Ce beau cadre de miroir en bois sculpté était une des merveilles de cette exposition rétrospective où, pour notre part, nous avons si largement puisé. Nous ne ferons pas à nos lecteurs l'injure de leur signaler les beautés de cet objet hors ligne, nous nous bornerons à leur dire, d'après M. Sicard, son heureux propriétaire, qu'il est attribué à Squarnoni, de Padoue. Un grand nombre de parties ont conservé la trace de la dorure, et quelques moulures sont ornées par places de grecques et de canaux peints. Le panneau central, sculpté avec une grande finesse, était destiné à recouvrir la glace absente aujourd'hui. (Hauteur, 80 centimètres.)

　　这面镜子的框架精致优雅，由木头雕刻而成，堪称回顾展上的一大奇迹，对于我们来说，这件作品有太多值得借鉴的地方。我们不会用无与伦比的美丽来形容这件作品，这样的形容太过敷衍寒酸。我们只会这样告诉读者：该作品的拥有者西加尔先生（M. Sicard）认为，它是帕多瓦的著名作品。作品上很多部分都镀了金，很多线脚都装饰上了回纹细工和着色的方形。中间的嵌板经过细致雕刻，用来掩盖那块丢失的镜子。（高80厘米）

This fine frame of looking-glass, in carved wood, was one of the marvels of that retrospective exhibition from which, for our own part, we have so largely drawn. We won't insult our reader's taste by pointing to them the beauties of this piece beyond comparison. We will only tell them that, in the opinion of M. Sicard, its happy owner, it is the putative work of Squarnoni of Padua. Many portions have kept marks of the gilding, and some mouldings are ornated here and there with fret-works and painted squares. This centre panel, finely carved, was to cover the now missing glass. (Height: 80 centimetres.)

XVIIᵉ SIÈCLE. — ÉCOLE FRANÇAISE.
(FIN DE LOUIS XIV.)

TERMES. — GAINES.
(DESSIN DE LA COLLECION DE M. E. GUICHARD.)

A quel maître du xviiᵉ siècle attribuer ce dessin à l'encre de Chine si hardiment et si simplement exécuté? Nous n'osons guère nous prononcer à ce sujet, et nous nous bornons, comme tout le monde, à regretter qu'on ne puisse y découvrir le moindre chiffre, la plus petite signature. Est-ce la composition d'un peintre décorateur ayant jeté sur le papier, avant de l'exécuter sur les parois d'une salle, sur les panneaux d'une porte, ce gracieux motif disposé en hauteur? Ou est-ce la fantaisie d'un architecte à qui les ressources de la perspective ont semblé nécessaires pour juger de l'effet d'une œuvre décorative à élever dans un parc ou dans un jardin? A la façon dont le dessin est exécuté, nous pencherions volontiers pour cette dernière supposition. En effet, le trait est indiqué d'une main sûre et correcte, du premier coup et sans la moindre hésitation. Malgré un tracé vigoureux, la science du dessin est partout observée, le modelé est simple et obtenu par le pinceau seulement, sans retouches de hachures. Les deux figures, moins teintées que le reste, semblent être d'une autre matière. La végétation du fond, très-sacrifiée, est moins apparente encore que sur notre gravure.

Nous devons à l'obligeance de M. Guichard, président du comité de l'Union centrale des Beaux-Arts appliqués à l'Industrie, de pouvoir publier dans l'*Art pour Tous* ce curieux et ingénieux dessin qui lui appartient.

To what master of the xviith century ought we to ascribe this Indian-ink drawing so boldly and yet so simply executed? We are rather loth to decide this question and we can only regret, with everybody, that therein the smallest signature, the least cypher, cannot be discovered. Have we here the composition of a decorative painter who dashed on the paper, before executing it along the walls of a hall, or upon the panels of a door, that gracious motive lengthwise disposed? Or does it come only from the fancy of an architect who sought the help of perspective to better judge the effect of a decoration to be erected in a park or garden? We feel rather inclined to the latter supposition, from the execution of the drawing. Indeed the trait is at once rightly and unfalteringly indicated. Despite a vigorous tracing, the science in drawing is everywhere observable, the modelling simple and obtained only through the pencil, without after-touch of hatchings. Both figures, less tinted than the other parts, seem to indicate another material. The vegetation of the back-ground, kept very much in the shade, is even less apparent than in our engraving.

We owe to the obligingness of M. Guichard, chairman of the committee of the Union of the Fine Arts as applied to Industry, to be able to publish in the *Art pour Tous* this curious and ingenious drawing which belongs to that gentleman.

这幅印度墨水画风格大胆，制成的艺术品非常简单纯朴，作者是 17 世纪的哪位大师我们仍未可知，由于在这上面的签名太小了，所以找不到什么痕迹了。这位艺术家急切的在纸上进行了创作，对画作主题进行了纵向排布，这么做的目的是想将制成的艺术品置于大厅的墙上？还是安在门的嵌板上？还是它只是建筑师想要通过透视法，来决定将这件装饰品立在公园还是花园里更合适？从将该图画制成的艺术品着眼，据其体现出来的鲜明特点，我们更倾向于后面的这一推测。除了线条有力的描摹外，绘图中所蕴涵的技巧也随处可见，朴素简单的线脚通过铅笔勾勒出来，

后期没有再进行阴影处理。这两个人物形象的着色比其他部分要浅，似乎用的是另一种材料。背景中的植被大多隐藏在阴影中，比我们版画中的植被更不显眼。

感谢工业艺术联合会主席 M. 吉恰尔特（M.Guichard）先生，让我们能够将此杰出作品刊登于此书中。

5me Année. — N° 150 — 15 Mars 1866.

ABONNEMENT ANNUEL
France. . . . . 18 fr.
Étranger. . . . 20 fr.
L'Année parue. 25 fr.

L'ART POUR TOUS

ENCYCLOPÉDIE DE L'ART INDUSTRIEL ET DÉCORATIF

Paraissant les 15 et 30 de chaque mois.

PUBLIÉ SOUS LA DIRECTION DE M. C. SAUVAGEOT | FONDÉ PAR M. EMILE REIBER, ARCHITECTE

A. MOREL
ÉDITEUR
13, rue Bonaparte
Paris.

XVIIᵉ SIÈCLE. — ÉCOLE FRANÇAISE.

(LOUIS XIV.)

MEUBLES. — ARMOIRES.

DESSIN ATTRIBUÉ A BOULE.

(COLLECTION DE M. PINEL.)

E. Godard D'

Proc.ᵗᵉ Duloo

1446

Les dessins de Boule sont extrêmement rares et nous ne sachons pas qu'il en existe d'autre que celui que nous publions aujourd'hui. Il est hors de doute cependant que ce fécond artiste du xviiᵉ siècle n'a pas dû s'en tenir à ce seul échantillon; cela est d'autant plus probable que le dessin de l'armoire ci-contre est exécuté avec une verve, une sûreté de main incroyable et dénote une grande habitude du dessin. Chaque trait et chaque ornement sont hardiment indiqués à la plume, puis légèrement rehaussés de teintes au lavis. Nous devons à l'obligeance de M. Pinel de pouvoir montrer une reproduction de ce précieux dessin.

　布尔（Boule）的画作极为稀有，所以我们认为除了在这页刊登的这幅作品外，再找不到他的其他作品。然而，这位想象力丰富的17世纪大师通过铅笔创造出了这一独特的类型。通过这里展示的储藏柜我们发现该艺术品充满活力、技艺娴熟，体现出作者的画功了得。一笔一划、每件装饰都通过钢笔肆意展现出来，随后通过水彩颜色稍微晕染出来。感谢皮内尔（Pinel）先生慷慨大度，让我们能够对此珍贵的画作进行复制。

Boule's drawings are extremely rare; so much so, that we believe no other can be found but the one we to-day publish. Yet, it is impossible that this fertile master of the xviith. century had produced that single specimen of his pencil's power; and this becomes almost a certainty when we look at the present cabinet, the drawing of which is executed with incredible fire and handiness, and which indicates a great practice in drawing. Here we see each stroke, every ornament, first boldly thrown with the pen, and then lightly set off with wash tints. Thanks to the kindness of Mr. Pinel, we have been enabled to give a reproduction of that precious drawing.

XVIᵉ SIÈCLE — MENUISERIE FRANÇAISE
anciennement à l'Église de la Madeleine à Troyes

PORTE EN BOIS SCULPTÉ
aujourd'hui au Musée de cette Ville

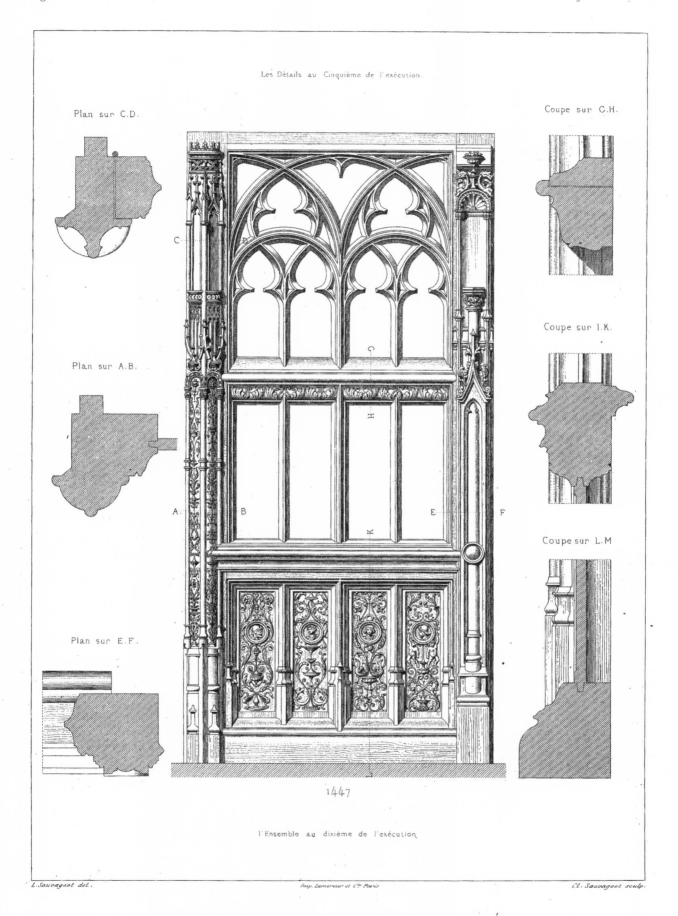

Les Détails au Cinquième de l'exécution.

Plan sur C.D.

Coupe sur G.H.

Plan sur A.B.

Coupe sur I.K.

Plan sur E.F.

Coupe sur L.M

1447

l'Ensemble au dixième de l'exécution

L.Sauvageot del.   Imp. Lemercier et Cⁱᵉ Paris   Cl. Sauvageot sculp.

VENTAIL D'UNE DES PORTES DU JUBÉ.

祭廊中的一个门扇

XVIIᵉ SIECLE — ECOLE FRANÇAISE

PLAFOND PAR EUST. LESUEUR

Imp. Lemercier et Cⁱᵉ Paris

Dessingr. A. Durand.

1448

AU MUSEE DU LOUVRE — ANCIENNEMENT A L'HOTEL LAMBERT A PARIS

卢浮宫博物馆——以前在巴黎的朗伯酒店

FRISES. — ARABESQUES,

PAR G. P. CAUVET.

XVIIIᵉ SIÈCLE. — ÉCOLE FRANÇAISE.

(LOUIS XIV.)

1449

Cette frise, d'après G. P. Cauvet, est un des exemples fréquents dans l'art décoratif de la fin du xviiiᵉ siècle, d'un essai au retour des formes antiques et surtout naturelles. Les artistes, les philosophes et les littérateurs se détournent alors volontiers de la route quelque peu sinueuse en fait d'art du règne de Louis XIV, pour revenir chacun dans sa sphère, à l'imitation des formes plus suaves, plus calmes de la nature ou de l'antiquité. Cauvet, il est vrai, conserve encore dans ses productions un souvenir de la décoration puissante du siècle précédent, mais il y mêle toujours quelque chose de gracieux, de fin et d'élégant qui lui est propre. Dans ce fragment de frise où un cartouche occupe le milieu, nous voyons deux élégantes figures de femmes se suspendre à un faisceau de palmes qui domine l'écusson central. De la partie inférieure de leur corps découlent ces abondants rinceaux d'acanthe, dans lesquels on voit mêlés des fleurs, des fruits, des oiseaux et aussi des serpents, hôtes moins aimables. Tout cela est parfaitement arrangé et surtout parfaitement dessiné. L'abondance ici n'a rien de fatigant ni de superflu, l'œil, au contraire, aime à suivre dans toute leur variété ces détails habilement reliés aux courbes génératrices dont la pureté est intacte.

这件饰带的作者是 G.P. 科韦特（G.P.Cauvet），属于 18 世纪晚期装饰艺术作品。作者企图回归古代形式和自然风格。当时的艺术家、作家、哲学家、井木想要走出易十四统治时期的那种曲折的方式，回到自己的领域中，去模仿清新沉稳的古代形式和自然风格。科韦特的作品力求我们展示了他所处的时代中装饰艺术的魅力。艺术家把优雅精致等特点点融合在自己的作品中。这段饰带的中间部分是涡卷饰，两个美丽的女性形象将她们自己悬挂在一束棕榈叶上，中间部分是一块牌子。下半部分身体覆盖着大量的叶子、鸟类以及不是好好看的蛇。整件作品的构图精巧，画面引人瞩目；相反，整件作品体现出来的多样性特点今人赏心悦目，也没有让我们觉得审美疲劳；的感觉，曲线中的细节使作品变得更为质朴纯真。

This frieze, from G. P. Cauvet, is one of the many examples, in the decorative art at the end of the xviiith. century, of an attempted return to the forms of Antiquity and, above all, of Nature. Then and there, artists, philosophers, writers, were not loth to go out of the rather meandering way which the reign of Louis XIV had made fashionable, to come back, each in his own sphere, to the imitation of the sweeter and steadier forms of antique or natural teaching. It is true that Cauvet's productions bring still to one's mind a remembrance of the powerful decorative art of the preceding age, wherewith the artist has always blended something gracious, fine and elegant, which belongs to him. In this fragment of a frieze, the middle of which is occupied by a cartouch, we see two nice female figures suspending themselves to a fascicule of palms with which the central scutcheon is capped. From the lower part of their bodies are spreading rich achantine foliages through which intermix flowers, fruits, birds and the less attractive coils of snakes. The whole is remarkable for its disposition and, above all, for its drawing. Here, luxuriance is not superfluity, nor does it generate weariness; on the contrary, the eye delights in following in their multifariousness those details skilfully connected with the generating curves so chaste and unimpaired.

5e Année.

N° 151

30 Mars. 1866.

ABONNEMENT ANNUEL
France. . . . . 18 fr.
Étranger. . : . 20 fr.
L'Année parue. 25 fr.

L'ART POUR TOUS
ENCYCLOPÉDIE DE L'ART INDUSTRIEL ET DÉCORATIF
Paraissant les 15 et 30 de chaque mois.
PUBLIÉ SOUS LA DIRECTION DE M. C. SAUVAGEOT | FONDÉ PAR M. ÉMILE REIBER, ARCHITECTE

A. MOREL
ÉDITEUR
13, rue Bonaparte
Paris.

ANTIQUE. — ART ROMAIN
DE L'ÉPOQUE IMPÉRIALE.
(FRAGMENT D'UN SARCOPHAGE.)

BACCHUS, ARIADNE ET SILÈNE.
BAS-RELIEF EN MARBRE.
(ANCIENNE COLLECTION DE M. DE NOLIVOS.)

1450

Le fragment ci-contre provient d'un sarcophage romain de l'époque impériale. Au premier abord on croit y voir Socrate, Alcibiade et Aspasie, mais on reconnaît promptement une des scènes favorites du ciseau païen, c'est-à-dire le groupe amoureux de Bacchus et d'Ariadne, voluptueusement enlacés et assis sur un char triomphal. Silène, ivre de vin et d'amour, soutient le jeune dieu dont il a été le précepteur. On ne voit qu'une partie du char orné qui porte ce groupe, et l'on ignore de quels animaux était formé l'attelage.

Cette scène se rencontre souvent sur les sarcophages païens de la même époque, mais on y rencontre rarement la perfection d'exécution qui distingue le bas-relief que nous publions. Celui-ci est une œuvre d'art dans toute l'acception du mot ; la finesse et la pureté de l'exécution répondent à la beauté du style ; en un mot, c'est un morceau choisi que l'on a rarement l'occasion de rencontrer. Ce fragment vient d'être vendu 7200 fr. à M. le baron de Triquetti.

该作品选自帝国时期的罗马石棺的一部分。乍看之下引入眼帘的是苏格拉底（Socrates）、亚西比德（Alcibiades）和阿斯帕齐娅（Aspasia），但仔细观察你会发现其中有异教徒的笔触，即相爱的巴克斯（Bacchus）和阿里阿德涅（Ariadne）坐在凯旋的车上，拥抱着彼此，画面香艳性感。西勒诺斯（Silenus）在美酒和爱中沉醉，他已经成为导师，支撑着这位年轻的神。他们乘坐的双轮敞篷马车只有一部分出现在画面中，而且我们不知道是什么动物拉着车。

这样的画面经常出现在同时期异教徒的棺椁中，但是像此作品中这样精致完美的浮雕却很少见。这件艺术作品精致细腻、纯洁朴素，风格雅致优美，总而言之，这是件难得一见的珍品。刚以7200fr（L.288 英镑）的价格售给了特里克蒂男爵（Baron Triquetti）。

This fragment comes from a Roman sarcophagus of the imperial epoch. A first glance would show in it Socrates, Alcibiades and Aspasia ; but a second one will prove therein one of the scenes in which the Pagan pencil delighted, viz., the loving group of Bacchus and Ariadne indulging in a voluptuous embrace and seated on a triumphal car. Silenus, drunk with wine and love, supports the young god, whose preceptor he has been. A portion only of the chariot bearing this group can be seen, and we do not know of what animals its team was formed.

This scene is often to be found on the Pagan coffins of the same epoch, but rarely, if ever, with the same perfect execution which distinguishes the bass-relief here given. This one is indeed a work of art, in the entire sense of the expression ; the fineness and chasteness of the execution match the beauty of the style ; in a word, it is an exquisite piece which it is a rare occasion to meet with. This fragment has just been sold to Baron Triquetti, at the price of 7200 fr. (L. 288, in English money).

XIXᵉ SIÈCLE.

ART INDUSTRIEL CONTEMPORAIN.

CÉRAMIQUE.

ACCESSOIRES DE TABLE.

AIGUIÈRE ET SON PLATEAU,

PAR M. L. VILLEMINOT.

Médaillon de la panse.

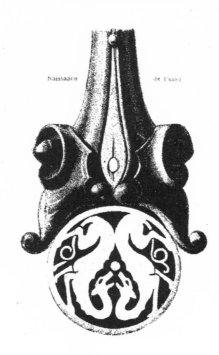

Naissance　　de l'anse.

Médaillon de la panse.

XIXᵉ SIÈCLE.

ART INDUSTRIEL CONTEMPORAIN.

CÉRAMIQUE.

ACCESSOIRES DE TABLE.

AIGUIÈRE ET SON PLATEAU,

PAR M. L. VILLEMINOT.

La composition et le modèle de l'aiguière et du plateau que nous publions aujourd'hui, sont de M. L. Villeminot, sculpteur distingué. Ces objets, exécutés, croyons-nous, à un très-petit nombre d'exemplaires, ont été fabriqués par MM. Deck frères, en terre de couleur rapportée. — Par ce procédé on obtient une certaine finesse de rendu dans l'ornementation et une harmonie générale incontestable; mais le temps considérable et les grands soins réclamés par ce procédé le rendent très-onéreux et par conséquent d'un rare emploi. Tous les ornements ont été d'abord laissés en relief sur la forme générale; dans les fonds on a appliqué la terre de diverses couleurs qui donne à ces objets un éclat si harmonieux. Une couche d'émail s'étend sur le tout.

今天给大家介绍的水罐和盆的作者是著名雕刻家 L. 维尔米诺（L. Villeminot）。这两件作品的复制品非常少，如果我们没有弄错的话，它们由德克兄弟（Messrs. Deck）制造，并以彩陶作为涂层。这种制作方式将装饰物的精致细腻体现了出来，同时呈现了整体的协调性。但是这一过程因工艺复杂，需要耗费大量的时间精心照看，所以使用的很少。首先所有的装饰物都勾勒出大致轮廓，之后背景用不同颜色的泥土填充，使得这件杰出的作品整体协调，大放光彩，最后再涂上一层瓷漆。

The composition and model of the Ewer and basin, which we to-day publish, are from Mr. L. Villeminot, an eminent sculptor. Those pieces, a very few copies of which have been executed, if we are not mistaken, have been manufactured by Messrs. Deck brothers, in coloured earth afterwards overlaid. — By that means a certain fineness of execution is given to the ornamentation as well as an unquestionable harmony to the whole. But that very process requires so much time and care that its cost becomes onerous and consequently its use is rare. All the ornaments have been first left in relief on the general outline. Then the backgrounds have been lined with the variously coloured earth giving so harmoniously a brilliancy to the objects. Over the whole is laid a coat of enamel.

VIGNETTES. — CULS-DE-LAMPE.
CHIFFRES, — FLEURS,
PAR BACHELIER.

In Bachelier's compositions, engraved by P. P. Choffard, we mark a tendency to keep aloof from the great and general movement of that epoch, which was specially urging to the study of the Antique. Better inspired, perhaps, than most of the artists of his time, Bachelier confined himself to consult Nature's advices for his numerous compositions of vignettes and tail-pieces; and one may say that, more than once, he improved the adviser's lessons. (*Fac-simile.* See fourth year, p. 437.)

通过 P.P. 乔法德（P.P.Choffard）雕刻的巴歇利埃（Bachelier）的作品中，我们能够发现作品想要远离那一时代的运动和大潮流。那时的趋势是加深对古董的研究。也许他比同时代的艺术家受到了更多的启发，对于众多小插图和章尾花式的创作他只参考大自然的意见，你可能会不止一次发现他的创作超越了从自然中借鉴的内容。（摹本。参见第四年，第 437 页）

XVIIIe SIÈCLE. — ÉCOLE FRANÇAISE.
(LOUIS XVI.)

Dans les compositions de Bachelier, gravées par P. P. Choffard, on remarque une tendance à s'isoler du grand mouvement de cette époque, mouvement qui consistait surtout à étudier l'antique. Mieux inspiré peut-être que la plupart de ses contemporains, Bachelier se borna à consulter la nature pour ses nombreuses compositions de vignettes et de culs-de-lampe; on peut voir qu'il fit dans plus d'un cas heureusement inspire. (*Fac-simile.* Voy. 4e année, p. 437.)

5e Année. — No 152 — 15 Avril 1866.

L'ART POUR TOUS

ENCYCLOPÉDIE DE L'ART INDUSTRIEL ET DÉCORATIF

Paraissant les 15 et 30 de chaque mois.

PUBLIÉ SOUS LA DIRECTION DE M. C. SAUVAGEOT | FONDÉ PAR M. ÉMILE REIBER, ARCHITECTE

ABONNEMENT ANNUEL
France. . . . . 18 fr.
Étranger. . . . 20 fr.
L'Année parue. 25 fr.

A. MOREL
ÉDITEUR
13, rue Bonaparte
Paris.

XVIᵉ SIÈCLE. — ÉCOLE FRANÇAISE.
(HENRI II.)

MIROIR EN BOIS SCULPTÉ.
(COLLECTION DE FEU LE CARPENTIER.)

Godard d.ᵗ

P.ᵗᵉ Dulos

1460

Les lignes principales de ce cadre, richement orné et bien français, rappellent cependant un peu l'école allemande. On remarque par places quelques traces de dorure ; mais nous croyons que quelques filets, quelques moulures seuls avaient été ainsi décorés pour égayer la teinte monotone et foncée du poirier. L'objet donne 59 centimètres de haut sur 38 de large. L'exécution en est parfaite, quoiqu'un peu sèche peut-être.

虽然这件作品装饰华丽且非常法式，但它的框架和主要线条让人联想到的是德国艺术流派。分散的星星点点镀金仍依稀可见，但是我们认为以带状物和线脚的精美装饰，为梨树木的暗色和单调乏味的颜色增添了活力。整个作品高50厘米，宽38厘米。制作工艺完美，不过显得有些生硬。

Though richly ornamented and really French, this frame rather calls to one's mind, by its main lines, the German school of Art. Here and there tiny bits of gilding are still discernible ; but, in our opinion, only some of its fillets and mouldings were so decorated to enliven the dark and monotonous colour of the pear-tree wood. The object is 50 centimetres in height, by 38 in breadth. Its execution is perfect, but with perhaps a little hardness.

XVIe SIÈCLE. — ÉCOLE ITALIENNE.
(ANCIENNE COLLECTION DE M. DE NOLIVOS.)

FRISES, — ORNEMENTS COURANTS,
PAR NICOLETTO DE MODÈNE.

4461

Nicoletto de Modène, d'après son compatriote Vedriani, était non-seulement graveur, mais peintre ; nous ne voyons aucun tableau de lui mentionné nulle part, mais en revanche les amateurs et les collectionneurs connaissent parfaitement son œuvre gravée. Deux des gravures de Nicoletto indiquent les dates de 1500 et 1512, et l'on suppose qu'il travaillait encore en 1517. Il nous reste aussi de lui un certain nombre de dessins d'ornements qui portent la marque du maître. Ces dessins sont généralement coloriés d'une teinte monochrome, d'un ton vert et quelquefois roux ; quelquefois aussi ils sont rehaussés par places de nuances violettes.

Le motif que nous reproduisons aujourd'hui est conçu dans le même esprit que celui déjà publié dans nos pages : un espace donné est divisé en zones horizontales qui contiennent des cercles adossés ou des ornements courants d'une grande variété. Dans les cercles, dont le fond est coloré de rouge par-dessus les hachures, nous voyons des entrelacs avec des oiseaux et des quadrupèdes au centre : les écoinçons sont meublés d'élégants ornements variés aussi. La frise ou bande centrale, ornée de chimères et d'oiseaux, est à fond jaune. Les deux bandes extrêmes sont faites de hachures seules sur fond blanc. Nous ne ferons pas de nouveau l'éloge de ces dessins, remarquables comme composition et comme exécution.

尼科莱特·摩纳德（Nicoletto di Modena）不仅是一个雕刻家，据他的同乡说他还是一个画家。对我们来说他的画作并不出名，但他的雕刻作品却为艺术爱好者和收藏家所熟知。在他的两件作品中，我们看到日期是 1500 年和 1512 年，我们推测他应该在 1517 年的时候还在创作，他留给我们一些具有他创作特点的装饰画。这些画作通常都是单一的绿色，有时是赤褐色，有时会用紫罗兰色的斑点来调配单一的颜色。

今天我们复制的作品和之前已经刊登过的作品主题相同：一个区域被划分成几条水平条带，上面有连结在一起的圆圈或多种不同的连续装饰物。圆圈中的底色是红色的，下面是阴线，中间部分是缠绕着的线和鸟类以及四足兽；边角的装饰物精细雅致，多种多样。饰带或中间的条带由鸟类和喀迈拉（Chimera）装饰而成，底色是黄色的。两条外面的饰带由影线构成，背景是白色的。对于其杰出的画工和优秀的工艺我们无须在此赘言。

Nicoletto di Modena was, according to his countryman Vedriani, not only an engraver, but a painter as well ; if, to our knowledge, no picture from his brush is made mention of, by way of compensation his works engraved are quite familiar to amateurs and collectors. In two of Nicoletto's engravings, we see the dates of 1500 and 1512, and he is supposed to have been still working in the year 1517. He has left us, too, a certain quantity of ornamental drawings which bear the artist's mark. Those drawings are usually coloured with a monochromatic tint of a green and sometimes russet tone ; now and then they also present spots relieved with violet hues.

The motive which we to-day reproduce is worked from the same idea as the one already published in this journal : a given space is divided into horizontal zones containing coupled circles or running ornaments of a great variety. In the circles, the grounds of which are red coloured over the hatchings, we see twines with birds and quadrupeds in the middle ; the angles are filled with elegant ornaments also varied. The frize or centre band, adorned with birds and chimeræ, has a yellow ground. The two outward stripes are made with hatchings whose only grounds are white. We have not to praise again these drawing as remarkable for their composition as for their execution.

XIIIᵉ SIÈCLE. — ÉCOLE FRANÇAISE
(COLLECTION DE M. DEVILLIER.)

VIERGE EN IVOIRE.
(AUX DEUX TIERS DE L'EXÉCUTION.)

1462

Dans un des derniers numéros de l'*Art pour Tous* nous montrions une des belles œuvres de l'art païen et nous en faisions hautement l'éloge. Nous voulons parler du fragment en marbre représentant Bacchus, Ariadne et Sylène exécutés en haut relief. Certes, le groupe antique est une remarquable sculpture, nous n'hésitons pas à le dire encore, mais ne devons-nous pas, et sous le rapport de la perfection du travail et sous le rapport de l'élévation des mœurs lui préférer cette belle Vierge de la fin du xiiiᵉ siècle ? Le bas-relief antique représente une scène favorite au ciseau des artistes païens, scène toute de sensualisme, de volupté, et dont l'interprétation serait même impossible à indiquer ici. La Vierge allaitant son enfant est la personnification des mœurs régénérées du christianisme. A ce seul point de vue, l'ivoire si pur que nous avons fait graver devrait déjà être préféré à l'objet païen : mais, nous le disons sans hésiter, le sentiment de noblesse de cette Vierge, le calme, la pureté dont elle est empreinte, la naïveté savante de la pose, la perfection des draperies, font de cet ivoire du moyen âge une œuvre que nous préférons pour notre compte à l'œuvre antique.

在此书中的最后几页中我们展示了一件令人称赞的异教徒艺术品：大理石碎块展示了高凸浮雕——巴克斯（Bacchus）、阿里阿德涅（Ariadne）和西勒诺斯（Silenus）。当然，这件作品的雕刻工艺也引人瞩目，所以在这里我们又提到了这件作品；而另一件13世纪的作品圣母玛利亚（Virgin Mary）不仅做工完美，且体现出的道德品行也更为高尚，所以我们对其进行介绍。这件古老的浅浮雕呈现的是异教徒雕刻所青睐的场景，完全体现出肉欲的快感，在此不便对其进行直白的介绍！圣母正在给她的孩子喂奶，是基督教道义重生的人格化。如果从这个角度来看待这件象牙制品，才会觉得它纯粹无邪，我们也才会喜欢这件异教徒作品；虽然圣母玛利亚所呈现的崇高、平静、纯洁的特点，以及姿势体现出来的高超技艺，衣服织物的处理近乎完美，都体现在这件中世纪象牙作品上，但是我们还是更喜欢那件大理石古董。

In one of the last numbers of the *Art pour Tous*, we gave a fine piece of Pagan art, which we highly praised : we mean the marble fragment representing Bacchus, Ariadne und Silenus in alto relievo. Assuredly, this antique group is a remarkable work of sculpture, we say it again without hesitation ; but ought we not, with regard to the perfection of the working, as well as to the elevation of the morals, to prefer by far this beautiful Virgin Mary of the end of the xiiith century ? The antique bass-relief represents a pet scene of the Pagan chisel, a scene entirely sensual and a climax of volupty, whose exact interpretation could not possibly be attempted here ! The Virgin suckling her baby is a personification of the regenerated morals of Christendom. Only in that respect, the ivory work, so pure, which we have had engraved, ought certainly to be preferred to the Pagan object ; but, we say it unhesitatingly, the character of nobleness, calm and purity stamped on this holy maiden, the skilful simplicity of the attitude, the perfection in the draperies, all renders this mediœval piece of ivory a work which we, for our part, prefer to the antique marble.

XVIIIe SIÈCLE. — ÉCOLE FRANÇAISE.
(LOUIS XVI.)

PANNEAUX DE PORTE.
PAR SALEMBIER.

1463

1464

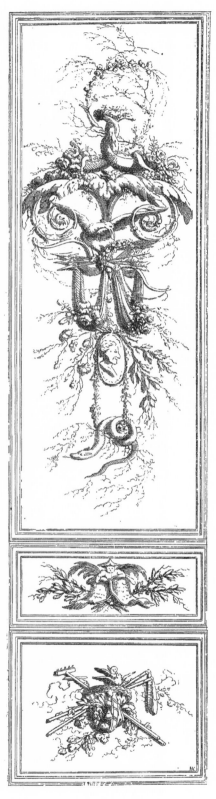

1465

Voici encore trois compositions de Salembier destinées à orner des panneaux de portes, de volets ou de trumeaux, et qui font suite à celles déjà reproduites dans les précédentes années de *l'Art pour Tous*. Le numéro 148 de la cinquième année montre aussi trois panneaux extraits du même recueil. Toute description de ces gracieuses compositions, où le talent du maître est si franchement accusé, devient inutile. Nos lecteurs sont maintenant parfaitement familiers avec l'œuvre de Salembier, et savent en reconnaître mieux que nous et le mérite et les défauts.

(Fac-simile.)

这三件作品的作者是莎伦贝尔（Salembier），用来装饰门上的嵌板、活动护窗或穿衣镜的，是对已经出版在前些年此书中的补充，同一本书第五年第148展示了相似的三件嵌板作品。大师的天资才能展现的淋漓尽致，所以我们无需再描述这些作品是多么完美。现在我们的读者已经对莎伦贝尔的作品有了非常深刻的了解，也许比我们更能鉴别出其中的优点和不足。（摹本）

Here are three more compositions of Salembier, destined to ornate panels of doors, shutters or pier-glasses, and being a continuation of those already published in the preceding years of the *Art pour Tous*. Nº 148 of the fifth year shows likewise three panels from the same book. No description is required of these graceful compositions, wherein the master's talent is so gloriously apparent. Our readers are now perfectly familiar with Salembier's works and know, perhaps better than we do, how to appreciate their merits and defects. *(Fac-simile.)*

5e Année. | N° 153 | 30 Avril 1866.

L'ART POUR TOUS
ENCYCLOPÉDIE DE L'ART INDUSTRIEL ET DÉCORATIF
Paraissant les 15 et 30 de chaque mois.

PUBLIÉ SOUS LA DIRECTION DE M. C. SAUVAGEOT | FONDÉ PAR M. ÉMILE REIBER, ARCHITECTE

ABONNEMENT ANNUEL
France . . . . . 18 fr.
Étranger . . . . 20 fr.
L'Année parue. 25 fr.

A. MOREL
ÉDITEUR
13, rue Bonaparte
Paris.

XVIᵉ SIÈCLE. — ÉCOLE ITALIENNE.
(COLLECTION DE M. A. FIRMIN DIDOT.)

COUVERTURE DE LIVRE,
PAR THOMAS MAIOLI.

SAUVESTRE

1466

Cette riche reliure du XVIᵉ siècle est une des plus belles qui aient été faites par *Thomas Maioli*. Elle porte d'un côté, au centre, le titre du livre et tout au bas, sur le filet qui encadre la composition, *Th. Maioli et amicorum*. L'autre côté du livre montre le chiffre de l'habile relieur italien. — Les couleurs de cette jolie couverture sont d'abord la couleur naturelle de la basane, brun foncé ; puis l'entrelacs noir à travers lequel courent d'élégants rinceaux dorés et argentés. Ce volume faisait autrefois partie de la bibliothèque de feu le marquis de Beauregard. Il appartient aujourd'hui à M. A. Firmin Didot.

· 76 ·

这幅内容丰富的封皮是 16 世纪托马斯·麦欧力（Thomas Maioli）最出色的作品之一。在封皮的一面、中间、标题、底部以及围绕整个作品的带状物上印着拉丁语：Th. Maioli et amicorum。另一面展示的是意大利装订商的熟练技艺。封皮的颜色是羊皮最初的深棕色，黑色的线缠绕着精致的叶子、镀金和镀银流淌在羊皮上。这本书之前属于已故的博勒加德（Beauregard）侯爵的某一座图书馆，现在属于 A. 费尔明·迪多特（A.Firmin.Didot）先生。

This rich binding of the XVIᵗʰ century is one of the fines ever made by *Thomas Maioli*. It bears, on one side and in the centre, the title of the book, and, quite at the bottom, upon the fillet with which the composition is encompassed, those latin words : *Th. Maioli et amicorum*. The other side shows the cipher of the skilful Italian bookbinder. — The colours used in that pretty cover are, first, the original colouring of the sheepskin, a dark brown ; then the black twine through which elegant foliages, gilt and silvered, are running. This book was formerly one of the library of the late Marquis of Beauregard. It now belongs to Mr. A. Firmin Didot.

XVIᵉ SIÈCLE. — ORFÉVRERIE FRANÇAISE.
(COLLECTION DE FEU LE CARPENTIER.)

CROIX STATIONALE.
EN CUIVRE DORÉ ET EN CRISTAL.

Cette précieuse croix, qui faisait partie de la belle collection de feu M. Le Carpentier nous paraît dater de la fin du xvᵉ siècle ou bien des toutes premières années du xvıᵉ. La base de la croix, qui est voisine de la hampe, a conservé le caractère du xvᵉ siècle ; on y voit, dans des niches superposées, les douze apôtres munis de leurs attributs. La partie centrale de l'objet ornée de filigranes et de cabochons, semblerait plutôt appartenir à la Renaissance. Toujours est-il, qu'il nous paraît difficile d'assigner une époque positive à ce curieux reliquaire. Nous disons reliquaire, car le centre de la croix paraît contenir quelques fragments de reliques que l'on

aperçoit à travers la plaque de cristal sur laquelle pose la tête du Christ. Les branches sont formées de fragments de cristaux taillés et enchâssés dans la partie centrale exécutée en cuivre doré. Les petites boules taillées à facettes, qui se voient à l'extrémité des branches, y sont maintenues par une tige de cuivre, apparente sur le cristal, et servant en quelque sorte à la décoration. Les médaillons qui existent au-dessus des apôtres sont ornés d'émaux champlevés à fond bleu. Le Christ est tout entier en cuivre doré et d'une exécution qui laisse un peu à désirer. Notre gravure est exécutée de la grandeur même de l'original.　(Inédit.)

这件珍贵的十字架是已故的勒卡朋蒂埃（Le Carpentier）先生的藏品之一，大约可以追溯到15世纪晚期或16世纪早期。底部靠近人物的地方保留着上个时代的特点：双层壁龛中立着耶稣的十二信徒，每一个都有各自的特点。作品的中间装饰着金银细丝的抛光宝石，但是并没有进行雕琢，可能属于文艺复兴时期。然而，我们发现很难确定这个神龛的具体日期。透过水晶板依稀可见中间的十字架上好像有些圣物碎片落在耶稣头上。十字架横着的部分由水晶碎片组成，插入中间鎏金的铜制部分。我们可以看到十字架的末端安置着小球，通过铜杆小球与水晶板相连，在一定程度上起到了装饰的作用。信徒之上的勋章在蓝色的底面上装饰着凸起的珐琅，基督的形象是铜制鎏金的，而且它的工艺无可非议。我们的版画和原作的大小一样。（未发表）

This precious cross, which formed a part of the fine collection of the late Mr. Le Carpentier, seems to us to date from the end of the xvth or the very first years of the xvıth century. The base, near to the staff, has kept the style of the former epoch : here you see, in a double tier of niches, the twelve Apostles, each with his own attributes. The centre part of the object, ornated with filigrees and polished but uncut stones, would rather appear as belonging to the Renaissance. Yet, we find it an uneasy task to give a positive date to that curious shrine. We used the last word intentionally; for the middle of the cross looks as if containing some fragments of relics which are discernible through the crystalline plate upon which lays the Christ's head. The branches are formed of fragmentary crystals cut and inserted in the central part which is of gilt copper. The small balls, cut into faces and to be seen at the end of the branches, are made fast therein by means of a copper rod visible on the crystal and somewhat contributing to the decoration. The medaillons above the apostles are enriched with raised enamels on blue grounds. The figure of Christ is entirely of gilt copper and its execution is note quite unobjectionable. Our engraving is as large as the original. (Unpublished.)

1467

XVIIIe SIÈCLE. — SCULPTURE FRANÇAISE.
(LOUIS XVI.)

BAROMÈTRE ET THERMOMÈTRE.
(COLLECION DE M. LE MARQUIS D'HERTFORD.)

With the help of an immense fortune and of an undisputable taste, the Marquis of Hertford has succeeded in collecting a very large number of works of art of every kind and description. It is true, affluence is a powerful adjutant that makes things pretty much easy. Yet, it is but just to acknowledge a real merit in the exertions of the illustrious collector, and one cannot help feeling gratified by seeing such a large fortune used in a manner at once noble and intelligent.

The objects gathered by Lord Hertford belong, for the most part, to the fertile eighteenth century, and are works either extremely rare and precious, sometimes unique, or bearing the signatures of celebrated masters and of renowned and highly esteemed artists. So that, people who have been enabled to view that marvellous collection, assuredly one of the finest of our epoch, have no words sufficient to express their admiration. Last year, a portion of Lord Hertford's treasures has moreover figured in the retrospective Exhibition, and none among those who gazed on it will accuse us of exaggeration.

The serviceable article which we reproduce was not one to draw the most particular attention. Yet, its composition and execution are both so happy, that we resolved to show it, one of the first, to our readers.

A lengthwise-disposed frame with channelled mouldings contains a barometer and a thermometer, united to each other by elegant foliages springing from two dolphins. At the top, an eagle is perched on a crown whereupon the signs of the zodiac are figured. All the carving, whose execution is perfect, is gilt and detaches itself on a grey and almost white ground.

M. le marquis d'Hertford, secondé par une immense fortune et par un bon goût incontestable, est parvenu à réunir un très-grand nombre d'objets d'art de toute sorte et de toute nature. Avec ce puissant levier, la fortune, la tâche devenait presque facile, il est vrai; mais il n'en faut pas moins reconnaître un mérite réel dans cette mission que s'est donnée le célèbre collectionneur, et l'on éprouve une certaine satisfaction à voir une aussi belle fortune employée d'une façon à la fois intelligente et noble.

Les objets réunis par lord Hertford apppartiennent pour la plupart au fécond dix-huitième siècle, et sont ou des œuvres extrèmement rares et précieuses, uniques souvent, ou bien des œuvres signées de maîtres célèbres, d'artistes connus et classés. Aussi, ceux qui ont été à même de contempler cette merveilleuse collection, une des plus belles de notre époque assurément, n'ont-ils pas assez d'images pour exprimer leur admiration. Une partie de la collection de lord Hertford a figuré du reste l'an passé à l'Exposition rétrospective, et nul de ceux qui l'ont vue ne nous taxera d'exagération.

L'objet utile que nous reproduisons n'est pas un de ceux qui attiraient particulièrement les regards. Il est si heureusement composé et exécuté cependant, que nous avons voulu le montrer un des premiers à nos lecteurs.

Un cadre disposé en hauteur, avec moulures ornées de canaux contient un baromètre et un thermomètre reliés entre eux par d'élégants rinceaux dont le point de départ est deux dauphins. Un aigle surmonte au sommet une couronne où figurent les signes du zodiaque. Toute la sculpture, d'une exécution parfaite, est dorée et se détache sur un fond gris presque blanc.

　　赫特福德（Hertford）侯爵凭借过人的品位和极佳的运气收藏了大量此类型的艺术品。不可否认，钱能解决很多事情，但也不得不承认杰出的收藏家在收藏方面着实高于常人，我们能够欣赏这件融高贵精致和精巧奇特为一体的艺术品，实在是令人感到欣喜。

　　由赫特福德侯爵收集的这些艺术品大部分都来源于高产的18世纪，这些作品不是极其稀有就是非常珍贵，有的很独特，有的带有著名的大师或备受尊敬的艺术家的签名。所以如果有幸一览，你一定会觉得任何赞美之词都显得苍白无力。去年，侯爵的一部分藏品在回顾展上亮相，没有一个人在参观过之后指责我们言不符实，吹嘘夸张。

　　我们今天呈现的这件复制品仍然可以使用，但并不是最能吸引眼球的作品。因为它的构图和制作都非常巧妙，所以我们决定先向读者展示这件艺术品。

　　这件艺术品带有凹槽线脚，是纵向结构，其中的气压计和温度计由雅致的树叶连结在一起，叶子从两个海豚上滋生出来。顶部是一只栖息在皇冠上的老鹰，皇冠上刻着黄道十二宫。该作品做工完美，所有的雕刻品都是镀金的，底色是灰色和近乎白色的颜色。

Godard d⁵   4468   Pᵉᵗ Dulos

XVIᵉ SIÈCLE. — ÉCOLE FRANÇAISE.
(COLLECTION DE M. LECHEVALIER CHEVIGNARD.)

AIGUIÈRE-VASE.
DESSIN AU TRAIT, REHAUSSÉ DE LAVIS

1469

Nous ne savons à quel maître du xviᵉ siècle attribuer ce remarquable dessin que nous reproduisons de la grandeur même de l'original. La décoration, sinon la forme générale, semble rappeler quelques-unes des œuvres de Briot, le célèbre potier d'étain, et le dessin en question pourrait, nous semble-t-il, lui être attribué. Nous ne ferons. pas un éloge absolu de cette aiguière qui pèche, à notre avis, par le manque de proportion. La panse du vase a bien du développement, et le pied et le col en ont peut-être bien peu. Mais nous louerons sans réserve, par exemple, les beaux entrelacs qui se dessinent sur toutes les parties de l'objet, notamment sur le milieu de la panse. Un fleuve, à demi couché et entouré de roseaux, occupe le cartouche central, formé par l'entrelacs, à travers lequel se jouent plus loin des oiseaux et des reptiles.

Nous devons à l'obligeance de M. Lechevalier Chevignard, artiste et collectionneur bien connu, de pouvoir publier ce précieux dessin parfait comme exécution.

我们不知道这件 16 世纪的作品出自哪位大师之手，这里展示给大家的是复制品。它的装饰让我们联想到著名的锡匠布里奥（Briot）的一些作品，要不是形式有所不同，我们会认为这件作品的图案是他所做。这个水罐并不是十分完美，在我们看来，它的比例有些欠缺。可能是瓶身部位太大了，而底部和瓶颈部位太小了。不过我们还是要赞美上面勾勒的花纹，尤其是瓶身中间部分的花纹。斜躺着的河神被芦苇包围，占据着涡卷饰的中间位置，鸟类和爬虫在远处嬉戏玩耍，周围的线蜿蜒缠绕着它们。

感谢知名艺术家、收藏家勒舍里耶·舍维尼亚尔（Lechevalier-Chevignard）先生慷慨大度，使我们能够刊登这件画工和制作工艺都非常出色的珍品。

We do not know the master of the xvᵢth century to whom we owe this remarkable drawing here reproduced with the proportions of the original. Its decoration, if not its general form, would call to mind some of Briot's works, the celebrated pewterer, and in our opinion, the present drawing may be attributed to him. We are not to absolutely praise this ewer, which, in our eye, is wanting in proportions. Perhaps, the vase's belly has too much, and its foot and neck too little, development. But we will unreservedly eulogize the beautiful twines delineated on every part of the object and specially those on the middle of the belly. A river-god, half recumbent amidts reeds, occupies the central cartouch formed by the twine through which birds and reptiles are farther playing.

Thanks to the kindness of Mr. Lechevalier-Chevignard, the well known artist and collector, we were enabled to publish that precious drawing the execution of which is perfect.

5e Année.

N° 154

15 Mai 1866.

L'ART POUR TOUS
ENCYCLOPÉDIE DE L'ART INDUSTRIEL ET DÉCORATIF
Paraissant les 15 et 30 de chaque mois.

PUBLIÉ SOUS LA DIRECTION DE M. C. SAUVAGEOT | FONDÉ PAR M. ÉMILE REIBER, ARCHITECTE

ABONNEMENT ANNUEL
France. . . . . 18 fr.
Étranger. . . . 20 fr.
L'Année parue. 25 fr.

A. MOREL
ÉDITEUR
13, rue Bonaparte
Paris.

XIVe SIÈCLE. — FABRIQUE ITALIENNE.

(ANCIENNE COLLECTION DE M. LE CARPENTIER.)

COFFRET EN IVOIRE.

(AUX DEUX TIERS DE L'ORIGINAL.)

1470

Les coffrets tiennent une place importante dans le mobilier du moyen âge. Ils étaient destinés à renfermer des joyaux, des bijoux de prix, et les dames, pendant leurs voyages, les transportaient souvent avec elles. Les coffrets, généralement fabriqués en matières précieuses, en ivoire, en marqueterie, en cuivre émaillé, en or et en argent, étaient repoussés, ciselés et émaillés. Nous voyons encore dans les musées, dans les trésors des cathédrales et des églises, et même dans des collections particulières, de ces petits meubles exécutés le plus souvent avec beaucoup de soin et de recherche.

Le coffret ci-dessus est en ivoire et nous paraît dater du xive siècle. Il est évidemment de fabrique italienne; l'entrée de la serrure, les pentures qui le maintiennent et le décorent en même temps sont en cuivre rouge. Le fond des rosaces d'un dessin assez étrange est peint en rouge. Dimensions de l'objet, **21 centimètres sur 17.**

匣子作为家居物品在中世纪占据重要地位。女性在旅途中习惯将贵重珠宝和小物件收纳在别人都不知道的地方。这些宝箱通常由贵重的材料,如象牙、方格花饰、铜胎搪瓷、金银凿刻、瓷漆装饰而成。在博物馆、教堂的珍藏室,甚至个人收藏中能见到各式各样此类藏品,它们通常都做工精细、优美雅致。

上面的这件匣子由象牙制成,大约可以追溯到14世纪。很显然这是意大利制品,锁孔和铰链的装饰物多种多样,由赤铜连结在一起。玫瑰花的底色很奇怪,是红色的。这件艺术品的尺寸:高21厘米,宽17厘米。

Caskets held an important place in the household furniture of the middle-ages. They were recipients for jewels and small articles of value, and the ladies, in their journeys, had the habit of confiding them to nobody but themselves. Those coffers, generally made of precious materials, such as ivory, checkerwork, enamelled copper, silver and gold, were drifted, chiselled and adorned with enamels. We still see in museums, in treasuries of churches and cathedrals, and even in private collections, sundry articles of that kind usually executed with much care and elegance.

The above casket is in ivory and appears to us as dating from the xivth century. Evidently it is of Italian manufacture; the key-hole, the hinges with which the diverse portions are adorned and likewise kept together are of red copper. The ground for the roses, the drawing of which is rather strange, is painted in red. Dimensions of the object : 21 centimetres, by 17 centimetres.

XVe SIÈCLE. — FERRONNERIE FLAMANDE.   HEURTOIR EN FER FORGÉ.
(COLLECTION DE M. ORVILLE.)

SAUVESTRE   4474

Ce heurtoir, ou marteau de porte, d'un goût exquis, a été acquis en Belgique par M. Orville, il y a quelques années. Il était fixé à la porte de la maison, rue de la Grosse-Pomme, 3, à Mons, et paraît avoir souffert des injures du temps. Malgré cela on suit parfaitement les contours des savantes découpures dont il est décoré. Hauteur, 24 centimètres.

这件门环精致细腻，几年前在比利时由奥维尔（Orville）先生购得。它固定在蒙斯的格罗斯大街 3 号房屋的门上，似乎饱受时间摧残。不过，通过轮廓线条能看出来技术精湛，装饰物清晰可见。高 24 厘米。

This *heurtoir*, or knocker, of an exquisite style, was purchased in Belgium by Mr. Orville, some years since. It was fastened to the door of the house No. 3, in Grosse-Pomme street, at Mons, and seems to have suffered from the time's injuries. Nevertheless, the contours of the skilful cuttings out, with which it is decorated, are perfectly visible. Height: 24 centimetres.

BAHUT OU COFFRE DE MARIAGE.
(COLLECTION DE M. RÉCAPPÉ.)

XVIe SIECLE. — ÉBÉNISTERIE FRANÇAISE.
(FRANÇOIS Ier.)

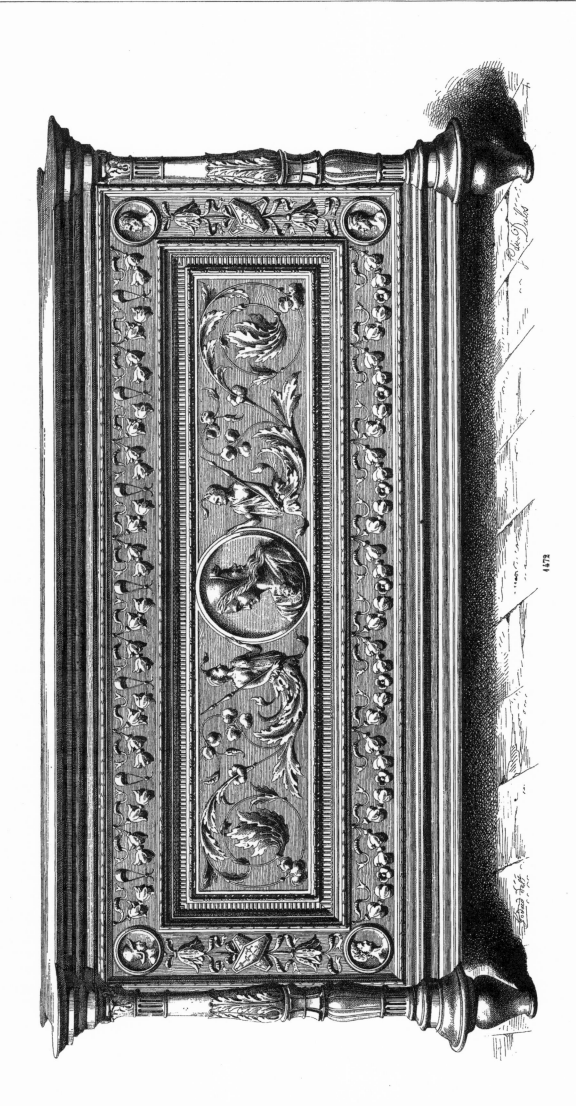

1472

Voici un meuble dont la composition ne laisse rien à désirer et dont l'exécution est parfaite. Il appartient, selon toute évidence, aux dernières années du règne de Louis XII ou aux premières années de celui de François Ier. La structure du meuble, c'est-à-dire les lignes, est parfaitement accusée, et l'ornementation, toute fine et toute gracieuse qu'elle est, ne remplit qu'un rôle subordonné sans être pour cela sacrifiée. C'est bien ainsi à notre avis que doit être entendue la décoration d'un meuble de ce genre, et nous ne craignons pas de le proposer comme un modèle propre à inspirer les ébénistes et les sculpteurs de notre époque.

Un médaillon central d'une grande tournure contient un personnage à double visage, l'un masculin et l'autre féminin, et dont le symbolisme peut être interprété de diverses façons. Quatre autres médaillons, de dimensions plus petites, cantonnent aux angles une frise élégante et fine, d'un goût parfait.

这件家具没有什么需要改进的地方，做工精致完美。它可能属于路易 12 世纪统治后期或弗朗索瓦一世、线条雅致。虽然并不处于主要地位，但其并没有做作者忽视。我们了解了这类艺术品的装饰特点，值得当代橱柜制造者和雕刻师学习借鉴。中间的圆形饰物气势宏伟，其中的人物包含两张面孔，而另一张脸是男性，一张脸是女性，象征的含义有所不同。四个角落分别也有圆形饰物，只不过和中间的这个不同，体积也更小，它们将雅致精细的饰物带分割开来。

Here is a piece of furniture the composition of which leaves nothing to be desired, and its execution is perfect. It belongs, most probably, to the last years of the reign of Louis XII, or to the first ones of Francis the First's. The structure of the object, that is to say its lines, have right projections, and its ornamentation, fine and graceful though, is performing a secondary part, yet without being sacrificed. It is in this way that we understand the decoration of an article of this kind, and we unhesitatingly offer it as a worthy model to inspire the cabinet-makers and carvers of our epoch.

A central medallion of a grand style contains a personage with two faces, the one male and the other female, the symbolism of which may be differently interpreted. In the angles, four other medallions, of more limited proportions, divide an elegant, fine and most tasteful frieze.

XVIᵉ SIÈCLE. — ÉCOLE FRANÇAISE.
(FRANÇOIS Iᵉʳ.)

PASSAGE DE LA MER ROUGE,
COMPOSITION D'ÉTIENNE DE LAUNE.
(COLLECTION DE M. E. GALICHON.)

Le sujet principal de ce remarquable dessin représente le passage de la mer Rouge. Au premier plan l'armée égyptienne se précipite au milieu des flots repliés sur elle. Pharaon est reconnaissable à sa couronne. A droite, Moïse armé de sa baguette commande aux flots; derrière lui est Aaron, les vieillards et l'armée. Au second plan, sur le rivage, un groupe de femmes entonne le cantique connu dans la Bible sous le nom de *Cantique de la mer Rouge*. La femme qui se trouve en tête du groupe, le coryphée pour ainsi dire, est Marie, sœur de Moïse. Dans la partie gauche on voit les sinuosités de la mer se prolongeant dans le fond du tableau.

Quatre médaillons ovales, groupés autour du sujet central, contiennent aussi des scènes de l'Ancien Testament. C'est d'abord, au sommet, la Religion appuyée sur la Bible avec ses deux âges. L'Ancien Testament est figuré par les tables de la Loi, et le nouveau par le calice surmonté de l'Eucharistie. Le médaillon du bas représente le sujet bien connu de Joseph vendu par ses frères. Le marché est conclu; les vendeurs et l'acquéreur se serrent la main en signe d'acquiescement. Le jeune homme suppliant à genoux est Joseph. Les palmiers, les chameaux, les constructions orientales du fond appartiennent bien aux climats qui avoisinent l'Arabie; mais l'homme en prière dans le lointain n'est pas indiqué par le récit biblique. Si la scène est bien celle que nous supposons, il faut voir un rapprochement entre Joseph et Jésus-Christ également vendu par ses frères.

Le médaillon de gauche montre l'arche promenée sept fois autour de Jéricho. La ville s'ébranle au son formidable des trompettes. Au médaillon de droite nous voyons Gédéon, un des juges ou chefs du peuple d'Israël éprouvant ses soldats... « Lorsque le peuple fut venu en un lieu où il y avait de l'eau, le Seigneur dit à Gédéon : Ceux qui auront pris de l'eau avec la langue, comme les chiens ont coutume de faire, mets-les d'un côté, et d'un autre ceux qui auront bu en courbant les genoux. Le nombre de ceux qui, prenant l'eau avec la main la portèrent à leur bouche, fut de trois cents, et tout le reste du peuple avait mis les genoux en terre pour boire. Et le Seigneur dit à Gédéon : C'est par les 300 hommes qui ont pris l'eau avec la langue sans courber les genoux que je vous délivrerai et que je ferai tomber les Madianites entre vos mains. Éloigne donc le reste du peuple... »

1473

In the main subject of this remarkable drawing is represented the passing of the Red Sea. In the fore-ground the Egyptian army is running into the middle of the already turning up waves. Pharaoh is recognizable by his crown. On the left hand, Moses holding his wand is commanding to the flood; behind him are Aaron, the ancients and the people. Towards the back-ground, on the shore, a group of females is striking up the sacred song known in the Bible as the *Red Sea Canticle*. The headmost female, the musical leader, so to say, is Mary, sister to Moses. On the left of the picture, the eye follows the windings of the sea extending up to the very back-ground.

Scenes of the Old Testament are also contained in four oval medallions placed round this central motive. First and at the top, we see Religion leaning on the Bible. The Old Testament is typified by the Testimony, and the New by the communion-cup surmounted by the Eucharist. In the lower medallion is depicted the well known subject of Joseph sold by his brothers : already the bargain is concluded, sellers and buyer are shaking hands upon it. The imploring youth on his knees is Joseph himself. Palm-trees, camels, oriental fabrics of the back-ground, all belong to the lands adjacent to Arabia; but we cannot find any indication, in the biblical story, as to the man offering up a prayer in the distance. Perhaps we ought to see here a comparison between Joseph and Christ sold, too, by his brothers.

The right medallion shows the Ark carried seven times round Jericho. The city is shaking at the terrible sounds of the trumpets. In the left medallion we see Gideon, one of the Juges or chiefs of the people of Israel, putting his soldiers to test... « When the people had come to a spot where there was water, the Lord said unto Gideon : Those who shall have taken the water with the tongue, as dogs are wont to do, put them on one side, and on the other those who shall have drunk with bended knees. The number of those who, taking the water with their hands, carried it to their mouth was three hundred, and all the rest of the people had knelt down to drink. And the Lord said again : It is through the 300 men who have drunk without kneeling that I will deliver you and make the Madianits fall in your power. Dismiss then the remainder of the people... »

这幅引人瞩目的画作主题是红海。前面部分展示的是埃及军队冲入滚滚翻腾的海浪中。通过头冠我们可以辨认出法老。在左手边是握着棍棒的摩西（Moses），在向波涛发号施令；后面的是亚伦（Aaron）、古代人（尤指埃及、希腊和罗马的）以及人民。一群女人在后方岸上共同唱着圣经里圣歌《红海颂歌》。最前面的女性是乐队领唱玛丽（Mary）——摩西的妹妹。画面的左边是海浪的中心，波涛几乎要卷到地方。

《〈圣经〉旧约》的画面还出现在周围四个圆形饰物中。我们看到上方象征着宗教的人物形象倚靠着圣经。证言代表着《〈圣经〉旧约》，放着圣餐的圣餐杯代表着《〈圣经〉新约》。下面的圆形饰物为我们展示了众所周知的主题，即被兄弟出卖的约瑟夫（Joseph）：卖家和买家正在握手，交易已经达成，跪地恳求的年轻人就是约瑟夫本人。背景中有棕榈叶、骆驼和东方织物，全都属于毗邻的阿拉伯地区。但是我们在这个圣经故事中找不到远处祈祷的男性。我们可能还需要对比被兄弟出卖的约瑟夫和同样被兄弟出卖的基督。

左边的圆形饰物展示的是方舟绕耶利哥城七圈，这座城正因号角的声音震动着。右边的圆形饰物中我们看到以色列人的首领之一基甸（Gideon），正在考验他的士兵……当人们来到水边，上帝对基甸说，凡是像狗一样用舌头舔水喝的，让他单站在一处；凡跪下喝水的，也要使他单站在一处。于是用手捧水喝的有三百人，其余的都是跪下喝水。耶和华又说，我要用这没有下跪的三百人拯救你们，将米甸人交在你手中；其余的人，都可以各归各处去了。

5e Année.

N° 155

30 Mai 1866.

L'ART POUR TOUS
ENCYCLOPÉDIE DE L'ART INDUSTRIEL ET DÉCORATIF
Paraissant les 15 et 30 de chaque mois.

PUBLIÉ SOUS LA DIRECTION DE M. C. SAUVAGEOT | FONDÉ PAR M. ÉMILE REIBER, ARCHITECTE

ABONNEMENT ANNUEL
France . . . . . 18 fr.
Étranger . . . . 20 fr.
L'Année parue. 25 fr.

A. MOREL
ÉDITEUR
13, rue Bonaparte
Paris.

XVIᵉ SIÈCLE. — FABRIQUE ALLEMANDE.
(COLLECTION DE M. LE COMTE DE NIEUWERKERKE.)

POIRE A POUDRE EN CUIVRE DORÉ.
(GRANDEUR DE L'ORIGINAL.)

To the well-known obligingness of count of Nieuwerkerke, superintendent of the Fine-Arts and owner of one of the most precious collections, we are indebted for the power of publishing, in the pages of the *Art pour Tous*, this piece of the gold-smith's art of the xvIth century. Every thing in that rich powder-flask denotes, in our opinion, a German origin; but the entire work is not the less remarkable and beautiful. Its ornaments and figures, cut and carved out of a copper plate, are charged upon a black velvet ground destined to show off and enhance the drawing. On the middle of the powder-flask, in a meandry frame or cartouch and under a crowning canopy, Mars and Venus are seen, at whose feet a very little Cupid, with his attributes, seems to stir up the god's gallantry; on the right and left, two figures are hanging on the contours of the foliages, and hold garlands of fruits. At the bottom, on an elliptic and hollowed out escutcheon, is seen a lion rampant. All the working has a perfect execution; but, we do confess it, the general outline of the object does not appear to us very happy.

感谢美术馆负责人同时也是拥有众多珍贵藏品的收藏者纽威赫奎克（Nieuwerkerke）先生的慷慨大度，让我们能够在此书中刊登这件16世纪的金匠制品。我们认为这件火药罐上丰富多样的装饰物体现出德国制造的特点，整件作品优美精致，引人瞩目。上面的装饰物和人物形象都是由铜板切割雕刻而成，黑丝绒的背景是为了凸显上面的图案。在这件作品的中间，我们可以看到涡卷饰包围着，头顶是一顶罩棚，脚边是一个非常小的丘比特（Cupid），似乎激发了马尔斯（Mars）对维纳斯（Venus）的殷勤。在左右两边，各有一个挂在叶子上的人物形象，手里拿着水果制成的花环。在底部，有镂空的椭圆形饰牌，中间有一只张牙舞爪的狮子，通过它的形态来看，我们认为这只狮子似乎对我们并不友好。

Kipp.

1574.

Coblence sc.

Nous devons à l'obligeance bien connue de M. le comte de Nieuwerkerke, surintendant des Beaux-Arts et possesseur d'une collection des plus précieuses, de pouvoir publier, dans les pages de l'*Art pour Tous*, cette œuvre d'orfévrerie du xvIᵉ siècle. Tout dans cette riche poire à poudre décèle, à notre avis, une origine allemande, mais l'œuvre entière n'en est pas moins belle et remarquable pour cela. Les ornements et les figures, découpés et ciselés dans une plaque de cuivre, sont appliqués sur un fond de velours noir destiné à en faire ressortir et valoir le dessin. Au centre de la poire à

poudre, dans un cadre ou cartouche accidenté et sous un dais qui leur sert de couronnement, se voient Mars et Vénus : à leurs pieds un tout petit Amour, muni de ses attributs, semble exciter la galanterie du dieu Mars. A droite et à gauche, des figures s'accrochent aux contours des rinceaux et tiennent des guirlandes de fruits. Au bas, sur un écusson de forme elliptique avec échancrures, se voit un lion rampant. Tout ce travail est d'une exécution parfaite qu'on ne saurait assez louer ; mais la forme générale de l'objet ne nous paraît pas en revanche très-heureuse.

MEUBLES. — FAUTEUILS.
(COLLECTION DE M. L. DOUBLE.)

XVIIe ET XVIIIe SIÈCLE. — FABRIQUE FRANÇAISE.
(LOUIS XIV ET LOUIS XV.)

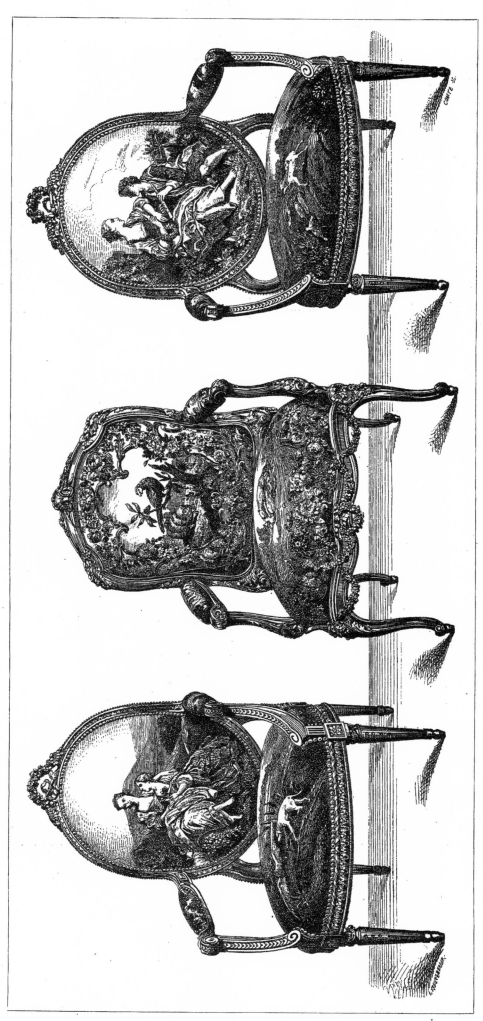

4475

Le fauteuil qui occupe le centre de cette page provient du fastueux château de Maisons-sur-Seine, où il faisait partie du mobilier de la chambre dite du roi, parce que Louis XIV avait daigné y coucher une nuit. La structure du meuble est en bois sculpté et doré; et la tapisserie des Gobelins qui le recouvre, tapisserie à la fois éclatante et harmonieuse, représente des fables de La Fontaine.

Les deux autres fauteuils à dossier ovale sont ceux qui accompagnent le canapé que nous avons publié dans le n° 145 de l'Art pour Tous et dont les tapisseries à pastorales ont été exécutées aux Gobelins, d'après les dessins de Boucher. Nous ne ferons pas de nouveau l'éloge de ce riche mobilier que, grâce à l'obligeance de M. Léopold Double, nous pouvons montrer à nos lecteurs.

中间的这把椅子来自于著名的塞纳河畔城堡，它属于国王房间中的一件家具，之所以称其为国王的房间是因为路易十四曾屈尊在这里过过夜。这把木质鎏金椅子经过了精雕细琢，上面的哥白林挂毯颜色协调，华丽耀眼，为我们展示了拉封丹（La Fontaine）的寓言故事。

另外两个靠背椅背是椭圆形的，和此书第 145 页刊登时的沙发相配套，上面的哥白林园挂毯展示的是布歇（Boucher）的画作。再次感谢利奥波德·达布尔先生（M. Leopold Double）的慷慨，使我们能够给读者展示这些作品。

The arm-chair in the centre of this page comes from the gorgeous castle of Maisons-sur-Seine, where it was a part of the furniture of the room called the King's, because of Louis XIV having condescended to sleep in it for a night. That piece of furniture is in carved and gilt wood, and covered with a Gobelins-tapestry whose colours are at once shining and harmonious, and which represents La Fontaine's fables.

The two other arm-chairs, with oval shaped backs, are those to match with the sofa published in No. 145 of the Art pour Tous, and whose pastorals-tapestries were executed at the Gobelins on Boucher's drawings. We are not to again eulogize that rich household furniture, which, thanks to Mr. Leopold Double, we have been enabled to show our readers.

XVIIᵉ SIÈCLE. — FONDERIE FRANÇAISE.
(LOUIS XV. — RÉGENCE.)

MÉDAILLON EN BRONZE.
(ANCIENNE COLLECTION LE CARPENTIER.)

1476

Marc-René Voyer d'Argenson, né à Venise en 1652, mort en 1721. Nommé lieutenant-général de police en 1697 et conseiller d'État en 1715, c'est lui qui a introduit l'usage des lettres de cachet. Un ancien proverbe disait des gens heureux en affaire, « il a une main d'or » ; le portrait que nous montrons a la main dorée. Ce bronze est signé P. BAURET ; autour du portrait on lit cette légende : M. R. de Voyer de P. d'Argenson, conseiller d'État, lieutenant-général de police. La devise qui entoure un ibis dévorant un serpent peut se traduire ainsi : — Vigilant, silencieux, redoutable et hostile.

马尔克·勒内·达尔让松（Marc-René Voyer d'Argenson）1652 年生于威尼斯，逝于 1715 年。在 1697 年任警察中将，1715 年任国家顾问，引入臭名昭著的秘密逮捕令体系。有这样一句古老的谚语"幸运的人有一只黄金手"，所以这里展示的画像中他的右手是镀金的。这件青铜制品上刻有 P. 保尔艾特（P. Baueret）的签名，周围一圈写着他的传说：马尔克·勒内·达尔让松，国家顾问以及警察中将。叼着蛇的鹮周围刻着格言，可能这样解读：注意、安静、可敬、敌意。

Marc-René Voyer d'Argenson, born in 1652, at Venice, died in 1715. Lieutenant-general of Police, in 1697, and State counsellor, in 1715, he it was who introduced the infamous system of the «Lettres de cachet.» According to an old proverb then in use, «lucky people have a golden hand :» and so, in the portrait here given, the right hand is gilt. This bronze bears the signature of P. Baueret, and round the figure this legend is written : M. R. De Voyer d'Argenson, State counsellor and lieutenant-general of Police. The motto which surrounds the ibis devouring a snake may be read in this way : Watchful, silent, redoutable and hostile.

XIVᵉ SIÈCLE. — FERRONNERIE FRANÇAISE.

GRILLE EN FER FORGÉ.
(COLLECTION DE M. LE CARPENTIER.

SAUVESTRE

1477

Dans la gravure on a entouré cette délicieuse petite grille en fer forgé d'un cadre de pierre, pour lui donner un aspect de réalité plus sensible ; mais, par cette addition, fort innocente du reste, avons-nous conservé à cette œuvre de ferronnerie de la fin du XIVᵉ siècle son vrai caractère, sa véritable destination ? Le doute nous prend quand nous constatons ses dimensions restreintes, la perfection du travail et les traces de dorure qu'elle a conservées çà et là, notamment sur les attaches des quadrilobes. Ne serait-ce pas plutôt une grille de tabernacle ou quelque chose d'analogue ? La grande perfection du travail nous fait pencher volontiers vers cette supposition, car ce travail soigné au delà de toute expression rappelle plutôt une œuvre d'orfévrerie qu'une œuvre de ferronnerie proprement dite.

我们为这件精致的熟铁制炉栅加上了石头框架，使它看起来更加直观，希望这一改变不会影响到这件 14 世纪末大师级铁器作品原有的特点，我们在此展示的为这件原作的雕版画。虽然大小有限，但其做工堪称完美，鎏金的痕迹依稀可见，尤其是窗饰的连接处更为明显。这件堪称完美的作品，得到了极其细致的呵护，所以它更像是一件银制艺术品而不单单是一件铁器，我们推测它可能并不情愿当礼拜堂的炉栅或其他同类型的物品，不过这点仅仅是推测而已。

In the engraving of this charming small grate of wrought iron, we have given it a framing of stone, to make it look more substantially ; but by this, we hope, harmless addition, have we kept up the real character, the true destination of that masterly piece of the iron-workers of the end of the XIVth century ? Truly, we have our doubts when we consider its limited proportions, the perfection of the workmanship and the traces of gilding still discernible here and there, particularly on the ties of the quadrilobes. Might it not rather be a tabernacle's grate or something of that kind ? The great perfectness of the work makes us not unwillingly incline to this supposition ; for the acme of care, which it presents, seems more in unison with a piece of the silversmith's art than of the simple iron-worker's.

N° 156

5e Année.

15 Juin 1866.

L'ART POUR TOUS

ENCYCLOPÉDIE DE L'ART INDUSTRIEL ET DÉCORATIF

Paraissant les 15 et 30 de chaque mois.

PUBLIÉ SOUS LA DIRECTION DE M. C. SAUVAGEOT | FONDÉ PAR M. ÉMILE REIBER, ARCHITECTE

ABONNEMENT ANNUEL
France . . . . . 18 fr.
Étranger . . . . 20 fr.
L'Année parue. 25 fr.

A. MOREL
ÉDITEUR
13, rue Bonaparte
Paris.

XVIᵉ SIÈCLE. — ARMURERIE FRANÇAISE.

(CASQUE DIT A L'ANTIQUE.)

ARMES DÉFENSIVES.

(COLLECTION DE L'EMPEREUR NAPOLÉON III.)

1478

Cette magnifique pièce des belles années de la Renaissance est entièrement couverte de reliefs ciselés et repoussés, dont la forte saillie atteint presque à la ronde bosse. La face du casque montre, dans un médaillon ou cartouche, bordé de fruits et d'une damasquine en or d'une grande finesse, une figure de Pomone portant une corne d'abondance. La crête est formée par le corps d'une chimère à la face de lion. Sur les deux côtés du timbre, des rinceaux à feuillages plantureux sont entremêlés de figures d'enfants, de masques et de chimères. Deux guerriers, vêtus du corselet antique, sont couchés à droite et à gauche du médaillon central. On voit aussi, sur le derrière du casque, deux autres personnages couronnés, qui doivent être Saturne et Neptune : ce dernier est reconnaissable au trident dont il est armé.

Remarquable par sa belle exécution et par sa riche décoration, ce casque est une des pièces capitales de la merveilleuse collection d'armes de l'empereur Napoléon III.

这件华丽宏伟的艺术品可以追溯到文艺复兴顶峰时期，上面布满了管槽和雕刻凸饰，其坚挺的凸起部分几乎接近高凸浮雕。头盔的正面部分是一个由水果和精致的金色波纹勾勒的圆形饰章或旋涡花式，可以看到里面是举着丰饶角的波蒙娜（Pomona），长着狮子脑袋的喀迈拉（Chimera）浑身覆盖着鸟羽。头盔的两侧有尺寸巨大的叶子，中间混杂着孩童的形象、面具以及喀迈拉。两个穿着甲胄的战士一左一右躺在圆形花饰的旁边。我们能看到在头盔的背面有两个带着王冠的人物形象，可能是萨图恩（Saturn），另一个通过他拿着的三叉戟，我们推测出他可能是海神尼普顿（Neptune）。

这件头盔以其精良的制作工艺和丰富多样的装饰给人留下深刻印象，它属于拿破仑三世的武器藏品之一。

This magnificent piece, from the best epoch of the Renaissance, is entirely covered with chased and drifted embossings, the strong projection of which is near to high relief. On the front part of the helmet, in a medaillon or cartouch, with a frame of fruits and with very fine gold damaskeening, a figure of Pomona is seen holding a cornucopia. The crest is made of the body of a Chimera with lion's face. On both sides of the helmet, large sized foliages are intermixing with figures of children, masks and Chimeræ. Two warriors, wearing the ancient corslet, are lying down on the right and left of the centre medallion. At the back of the casque, two other crowned figures are seen, Saturn and Neptune, most probably : the last one is recognizable by his trident.

This helmet, remarkable for its beautiful execution and its rich decoration, is one of the pieces of the collection of arms of the emperor Napoleon III.

XVIIIᵉ SIÈCLE. — ÉCOLE FRANÇAISE.
(LOUIS XV.)

DESSIN DE F. BOUCHER.
(COLLECION DE M. FOUREAU.)

The artist, whom we have charged with the reproduction of this graceful and lovely drawing by Boucher, has tried to represent by his working the very work of the master. It was assuredly a hard task, and wo do not venture to say it has been completely performed. Yed, if every one of the so easy and artful hatchings of the original is not to be found therein, at least the general aspect and charming effect of the primitive work are far from wanting.

Boucher was unsurpassed in that kind of decorative compositions, which he rendered either with the black crayon, the red chalk or the wash. The present drawing and the one we are to publish very soon, are simply executed with the black crayon on a greytinted paper; perhaps both were set off here and there with white; but of that they have retained no trace, a fact which is very easily explained by the rubbing they have been exposed to, for more than a century since. It is also needless to say that this composition is both happy and charming; our readers will not fail to find it by themselves. We will then only praise it by wishing to see its reproduction, through the brush or paint, on the ceiling of a drawing-room, on the belly of a vase, or, at least, on the modest canvass of a blind.

这里展示的是布歇（Boucher）画作的复刻版，虽然进行复刻的艺术家竭力保留原作内容，但我们无法肯定是否再现了原作的精美。即使在线条的处理方面有瑕疵，但至少呈现出了原作令人瞩目的一面。

布歇在画作中用了黑色铅笔、红色粉笔或刷子，其中在装饰物的构图方面无人能超越。但是我们在这里展示的作品是用黑色铅笔在灰色的纸上创作的，可能有部分地方是白色的，也许是拓印的缘故，而且时间已经过去百年之久了。这件作品的构图精巧、充满魅力，相信读者自己能够发现。我们希望能够看到绘制在画室天板、花瓶瓶身或百叶窗上的复制版。

1479

L'artiste que nous avons chargé de reproduire ce charmant et gracieux dessin de Boucher a essayé, par la nature de son travail, de rendre le travail même du maître. C'était là une tâche difficile assurément, et nous n'oserions affirmer que le but ait été complétement atteint. Toutefois, si l'on ne retrouve pas d'une façon absolue chacune des hachures si souples et si faciles de l'original, on en retrouvera du moins l'aspect général et l'effet séduisant.

Boucher excellait dans ces sortes de compositions décoratives, qu'il exprimait soit au crayon noir, soit à la sanguine, soit au lavis. Ce dessin et celui que nous publierons prochainement sont exécutés simplement au crayon noir, sur un papier teinté gris; peut-être ont-ils été à leur origine rehaussés çà et là de blanc, mais ils n'en ont conservé aucune trace, ce qui s'explique parfaitement par les frottements qu'ils ont dû subir,

depuis plus d'un siècle qu'ils sont faits. Dire que cette composition est heureuse et charmante, c'est ce qu'un grand nombre de nos lecteurs ne manquera pas de dire avant nous. Nous n'en ferons donc l'éloge qu'en émettant le désir de les voir reproduire, de les voir peindre sur le plafond ou les lambris d'un salon, sur la pause d'un vase, ou bien même, faute de mieux, tout modestement sur la toile d'un store.

XVIIᵉ SIÈCLE. — FABRIQUE ITALIENNE.

(COLLECTION DE M. L. D'YVON.)

GARNITURE DE FOYER.

1480

Chenet, pelle et pincettes du commencement du dix-septième siècle.

这件壁炉柴架、铲子和钳子可追溯到 17 世纪初期。

Fire-dog, shovel and tongs, from the beginning of the xviith century.

XVIe SIÈCLE. — ÉCOLE ALLEMANDE. **ORFÉVRERIE. — AIGUIÈRE.**

Voici un vase étrange, dans lequel on remarque un parti pris général qui n'est pourtant pas à dédaigner. Le groupe de quatre figures nues soutenant la panse du vase ne manque pas d'originalité, et le vide qui existe entre les jambes des personnages ajoute à l'élégance de l'objet en enrichissant sa silhouette. Si le col manque un peu de développement, l'anse, presque circulaire, est en revanche des plus énergiques, et contribue fortement à donner à cette œuvre d'orfévrerie ce caractère étrange qui frappe tout d'abord.

Nous ne savons à quel maître allemand attribuer cette singulière composition du xvie siècle; la gravure sur laquelle nous le copions ne montre ni la signature ni le chiffre de l'auteur.

En modifiant l'étrangeté et la naïveté des cariathides, en donnant plus d'élégance et d'importance au col du vase, en francisant en un mot ce modèle allemand, on pourrait facilement, croyons-nous, en trouver l'application pour une aiguière moderne.

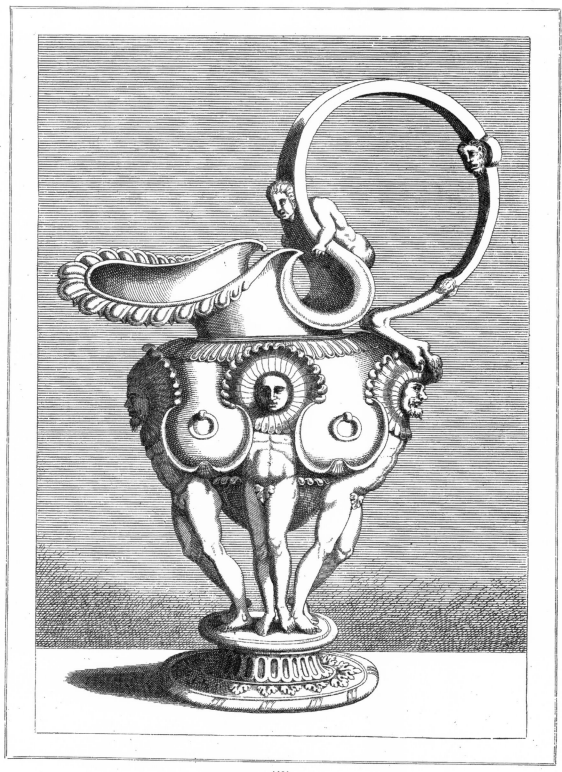

1481

这只外形古怪的瓶子并没有引起我们的鄙夷，支撑着花瓶的四个裸体人物形象设计独特，他们腿边的孔隙为这件瓶子的轮廓增添了精致细腻的特点。瓶子的瓶颈非常细，近乎呈环形的提手显得饱满且充满活力，为这件银制艺术品增添了奇特的特点，让人一眼就注意到了。

我们不知道这件 16 世纪的艺术品出自哪位德国大师之手，我们的复刻版中既没有签名，也没有作者的标记。

我们认为，如果对这件作品中古怪的地方以及天真的女柱像进行轻微改动，会使瓶子的瓶颈变得更为精致、内容更加丰富，同时为这件德国作品增添法国情调，那么它将成为一件优雅灵巧的现代水瓶。

Here is showen a strange-looking vase whose oddity is not a bit despicable; for there is no lack of originality in the group of those four naked figures supporting the vase, and the space between the legs of the personages rather adds elegance to the object by giving it richer outlines. If the neck is rather too narrow, the handle, nearly circular, is, in return, of a very ample and energetic make, and it contributes to giving to this piece of the silversmith's art that strange character which strikes at the first glance.

We don't know to what German master we are to ascribe that singular composition of the xvith century; the engraving from which our copy is taken, bears neither signature nor mark of the maker.

In our opinion, by small modifications to the oddness and naivety of the caryatids, and by giving more elegance and ampleness to the vase's neck, by frenchifying, in fine, this German model, it would be easy enough to use it, and happily, too, for a modern ewer.

5e Année.

N° 157

30 Juin 1866.

L'ART POUR TOUS
ENCYCLOPÉDIE DE L'ART INDUSTRIEL ET DÉCORATIF
Paraissant les 15 et 30 de chaque mois.

PUBLIÉ SOUS LA DIRECTION DE M. C. SAUVAGEOT | FONDÉ PAR M. ÉMILE REIBER, ARCHITECTE

ABONNEMENT ANNUEL
France. . . . . 18 fr.
Étranger. . . . 20 fr.
L'Année parue. 25 fr.

A. MOREL
ÉDITEUR
13, rue Bonaparte
Paris.

XVIIe SIÈCLE. — ÉCOLE FLAMANDE.
(COLLECTION DE M. JULES LABARTE.)

ORFÉVRERIE. — VASE FORME MÉDICIS.
(EN IVOIRE ET VERMEIL.)

1482

La partie centrale de l'objet est en ivoire; les enfants sculptés en ronde bosse personnifient les saisons, les cinq sens et les quatre éléments. La partie inférieure ou pied et le couvercle sont en vermeil.

中间部分是象牙制成的，象征着"四季五感"和"四元素"。下面的部分也就是底座是银制镀金的。

The central part of the object is in ivory; the children, in high relief, personify the Seasons, the five Senses and the four Elements. The lower portion, or foot, and the lid are of silver gilt.

XVIe ET XVIIe SIÈCLE. — FABRIQUES ALLEMANDES ET ITALIENNES.

COLLECTION DE L'EMPEREUR NAPOLÉON III.

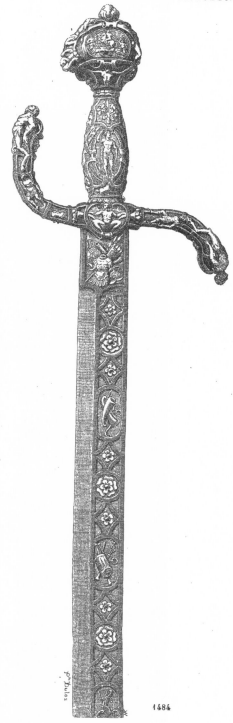

No 1483. Dague et sa trousse. La dague d'un travail allemand, est en fer noirci et à filets dorés. La fusée est de forme conique en torsade, avec gorge dorée : le pommeau presque plat montre un arbre, à droite et à gauche duquel se voient un aigle et un hibou. Petite garde en anneau et quillons décorés de rinceaux en feuillages.

Le fourreau spécialement représenté par notre gravure, est en fer noirci, décoré dans sa partie supérieure d'un saint George terrassant un dragon et dans sa partie inférieure d'élégants rinceaux à feuillages d'une extrême finesse.

La trousse est complète et comprend deux petits couteaux et un poinçon.

No 1484. Sabre italien de la seconde moitié du xvie siècle. La poignée, ciselée et évidée, offre des figurines et des ornements en ronde bosse. La lame est munie d'un ornement courant à fond d'or, ciselé dans le métal.

No 1485. Pistolet d'origine allemande avec ornements en cuivre, uécoupés et appliqués sur le bois (A M. Spitzer.)

图 1483 展示的是一把德国制造的短剑和它的剑鞘，黑铁上有金色的饰带。剑柄处是圆锥形的纺锤体，彼此缠扰在一起，上面有镀了金的沟壑。近乎平整的球体上有一棵树，树的左右两侧分别立着一只鹰和一只猫头鹰。保护罩是环形的，且装饰着叶子。

剑鞘是黑色的铁制材料，顶端装饰着圣乔治（Saint-George）制服恶龙的画面，在底部装饰有极其精致的叶子。

这里介绍的内容包括两把小匕首和一个打眼钻。

图 1484 是 16 世纪下半叶的意大利剑。手柄的部分经过雕刻镂空加工，为我们呈现出浅浮雕形式的人物形象和装饰物。刀身是金色的，上面雕刻着一连串的装饰物。

图 1485 是德国制造的手枪，木质材料上镶嵌着铜制装饰物。[属于斯皮策（Spitzer）先生]

No. 1483. A dirk and its sheath. The dagger, of German workmanship, is in black iron with gold fillets. The spindle is conically shaped and twisted, with a gilt gorge. The almost flat pommel shows a tree, on whose left and right sides an eagle and owl are seen; the guard is annulated and ornamented with leaves and foliages.

The sheath, specially represented in our engraving, is in blackened iron, decorated at the top with a Saint-George vanquishing the dragon, and at the bottom, with elegant and extremely fine foliages.

The case is complete and comprises two small knives and a brad-awl.

No. 1484 is an Italian sword of the second half of the xvith century. The handle chased and hollowed out presents small figures and ornaments in high relief. The blade is enriched with a running decoration on a golden ground cut into the metal.

No. 1485. A pistol of German origin, with copper ornaments cut and charged on the wood. (It belongs to Mr. Spitzer.)

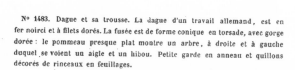

1483

1484

1485

COFFRET EN IVOIRE.
(AUX TROIS QUARTS DE L'EXÉCUTION.)

IXe SIÈCLE. — ÉPOQUE CAROLINGIENNE.
(COLLECTION DE M. BASILEWSKI.)

权威评论家认为这件艺术品可追溯到 9 世纪，通过认真观察这件完全由象牙制成的作品，我们确实认为它可以追溯到久远的时期。上面的装饰物，人物的服饰以及整体形状印证了我们的看法。这件装饰有多样的匣子布满了雕刻图案，上面有无数玫瑰，和玫瑰交替出现的是含有人物大部分内容是正在打斗的战士，他们全副武装。不过盖子上的内容更加平和一些：其中一个战士跪在地上，似乎在感谢上帝助自己取得了胜利；另一个人物形象手里拿着葡萄。由此可见，他表达的是和平的主题。这件拜占庭的箱子灵巧精致，上面的装饰物出众夺目。

4486

Able critics bring back the date of that casket up to the ixth century. We are not averse to their thinking, as every part of this work, which is entirely in ivory, seems to speak of so remote an epoch. This opinion is founded, for us, on the character and execution of the ornaments, the costume of the personages and the general shape of the piece. This rich and beautiful casket is formed of carved plates sed into ivory hands, or frames, wherein is cut and endless ring of roses with round and pointed leaves. These rosses are often alternating with medallions containing a head in profile. Of the centre plates, the subjects are generally warriors armed cap-a-pie and fighting against each other.

Yet, one may remark on the plates of the lid more peaceful motives: so, one of the warriors is kneeling as in the act of thanking God for his victory; the other personage, doubtless expressing the advantages of peace, holds an enormous bunch of grapes. The general shape of this Byzantine coffer is happy, and its profuse ornamentation has an excellent decorative effect.

Des critiques compétents font remonter ce coffret jusqu'au ixe siècle. Nous ne sommes pas éloigné de penser comme eux; car tout, dans cette œuvre entièrement en ivoire, semble rappeler cette époque reculée. Le caractère et l'exécution de l'ornementation, le costume des personnages, la forme générale du meuble sont, à notre avis, autant d'éléments de certitude.

Ce beau et riche coffret est formé de plaques sculptées, montées dans des bandes ou bordures d'ivoire, entaillées d'une série interminable de rosaces à pétales ronds et pointues. Ces rosaces s'alternent souvent avec des médaillons contenant une tête sculptée de profil. Les sujets représentés sur les plaques centrales sont en général des guerriers armés de toutes pièces et se livrant-combat; dans les plaques du couvercle on remarque cependant des sujets plus pacifiques : l'un des guerriers est agenouillé et semble remercier Dieu de l'avoir vaincu; l'autre personnage, destiné sans doute à exprimer les bienfaits de la paix porte une énorme grappe de raisin.

La forme générale de ce coffret byzantin est heureuse et son abondante ornementation est d'un excellent effet décoratif.

XVIIIe SIÈCLE. — ÉCOLE FRANÇAISE.
(LOUIS XV.)

DESSIN DE F. BOUCHER.
(COLLECTION DE M. FOUREAU.)

Boucher's drawings, which we published in one of our last numbers, represented a group of children playing with a she-goat. In the present one, whose dimensions are identical, are seen a young swain in love placing a wreath on the head of a quite conventional and fanciful shepherdess, we confess her to be so, yet we do not find her less beautiful for all that. This pretty group occupies the centre and fore-ground of the motive ; the back-ground, doubtless to make one feel more the unconcern and forgetfulness of the amorous pair, is composed of dark vegetation and dilapidated funeral monuments. The whole is evidently from an easy, clever and elegant pencil, well knowing how to indicate with a single trait the accidents of the landscape and, also, how to throw light on the carnation of the human faces, on the ever-greens of both compositions. Those drawings of Boucher's are evidently two models for decorative panels ; but are they the only ones of that kind composed by the master? Have they, too, been executed otherwise than on paper? That is what we should like to know.

1487

我们刊登的上一幅布歇（Broucher）的画作是一群孩子和一只母山羊在嬉戏玩耍。现在展示的这幅作品和之前的那幅规格一样，可以看见有一个陷入爱河的少年将一个花圈戴在牧羊女的头上，牧羊女的打扮虽然传统但很花哨，这些都没有掩盖她的美丽。这组情侣占据了作品的中间部分；背景中暗色的植物和残破的墓碑使我们忘记了这对热恋中的男女。所有这一切都来自灵活的铅笔，简单且优雅，能够一目了然的表明景观中的故事，巧妙地描绘了人物的光影，以及点缀多年生植物的两种构图。就嵌板装饰而言，这两件画作可以算是布歇的经典之作了，不过这位大师还创作过同类型的作品吗？那些作品也呈现在纸上吗？我们不得而知。

Le dessin de Boucher, publié dans un des derniers numéros, représentait un groupe d'enfants jouant avec une chèvre. Dans celui-ci, dont les dimensions sont identiques, nous voyons un jeune berger amoureux posant une couronne sur le front d'une bergère, bergère toute de convention, toute de fantaisie, si l'on veut, mais qui n'en est pas moins charmante pour cela.

Ce joli groupe occupe au premier plan le centre du sujet ; le fond, pour rendre plus sensible sans doute l'insouciance et l'oubli du couple amoureux, est composé de végétation sombre et de monuments funéraires en ruine. Tout cela sort d'un crayon souple, facile, élégant, habile à indiquer d'un trait les accidents du paysage, habile aussi à faire courir la lumière sur les carnations des figures, sur les plantes vivaces qui parsèment les deux compositions. Ces dessins de Boucher sont-ils évidemment deux modèles de panneaux décoratifs ; mais sont-ils les seuls de ce genre qui aient été composés par le maître? Ont-ils aussi été exécutés autrement que sur le papier? Voilà ce qu'il importerait de savoir.

4488

On lit sur le verso de cette splendide couverture : « Nous avons reconnu avec grand plaisir en ce volume, dit *évangéliaire de Charlemagne,* le livre si précieux qui fut enlevé au trésor de l'abbaye de Saint-Maurice-d'Agaune pendant les guerres civiles de notre canton au xiv° siècle. » — Un des doyens du chapitre d'Agaune, signé : *Augustin Clairaz.*

Le manuscrit date du viii° siècle, mais la reliure est évidemment postérieure ; elle a dû être remaniée à diverses époques, et notamment au xii° siècle, où elle a reçu les plaques d'émail et la bordure qui entoure le Christ bénissant à la latine. L'inscription, dont il manque une partie, est en lettres blanches sur fond bleu. Les autres émaux, champlevés, montrent des couleurs jaunes, blanches, bleues et vertes.

图为手稿封面，封皮背面注着：《查理曼大帝的福音书》原本属于阿伽尼的圣莫里兹修道院，但这部珍贵的作品于14世纪内战时被偷走了，修道院的其中一位主任牧师：（签下）奥古斯丁·克莱拉兹（Augustin Clairaz）。

手稿可以追溯到8世纪，但是封皮很显然属于之后的时期。当增加了搪瓷装饰物，镶边环绕着正在施罗马天主教礼拜仪式的基督形象时，尤其是在12世纪，它被不止一次改动过。题词是白色的字体，底色是蓝色，但被抹掉了一部分。其他的搪瓷是黄、白、蓝和绿色。

On the reverse of that wonderful binding may be read : « With great pleasure have we recognized in that volume, called the *Charlemagne's Evangil book,* the so precious work of which the treasure of the abbey of saint Mauritius of Agaune was robbed during the civil wars in our canton, in the xivth. century. » One of the deans of the Agaune chapter : (signed) *Augustin Clairaz.*

The manuscript dates from the viiith. century; but the binding is evidently of a subsequent period. It was altered on more than one occasion and particularly in the xiith. century, when it received the enamelled plates and the border encircling the figure of Christ blessing after the Latin rite. The inscription, which is partly erased, is written in white letters on a blue ground. The other enamels are yellow, white, blue and green

XVIe SIÈCLE. — CÉRAMIQUE ITALIENNE.
FAIENCE DE FAENZA.

CARRELAGES ÉMAILLÉS.
(MUSÉE NAPOLÉON III.)

1489

IMP. LEMERCIER ET Cie, 57 RUE DE SEINE. — PARIS.   1490   JULIEN LION, LITH.

XVIᵉ SIÈCLE. — CÉRAMIQUE ITALIENNE.
FAIENCE DE FAENZA.

CARRELAGES ÉMAILLÉS.
(MUSÉE NAPOLÉON III.)

1491

Ces quatre fragments de carreaux émaillés, que nous reproduisons par la chromolithographie, font suite à la série commencée dans la quatrième année de l'*Art pour tous*, page 497. A en juger par la forme des fragments, le carrelage entier devait offrir comme disposition, quelque similitude avec les plafonds à compartiments, si fréquemment employés vers cette époque (1502). Trois des figures ci-dessus sont bordées d'une rangée d'oves; la quatrième montre des feuilles d'eau. Le dessin des arabesques est partout profondément empreint du caractère ornemental du XVIᵉ siècle italien.

这些涂上搪瓷的铺砖通过彩色石印进行了复制，是对此书第四年第 497 页中作品的补充延续。通过这些艺术品的形状来看，它们的安装方式很可能和那一时期（1502 年）隔断天花板相似。以上这些形象中有三个镶了椭圆形边框，第四个用的是水生的叶子。所有的蔓藤花饰都深深刻有 16 世纪的装饰风格。

These fragments of enamelled paving-bricks here reproduced through the chromolithographic process, are a continuation of the series begun in the fourth year of the *Art pour tous*, p. 497. To judge from the shape of those pieces, the entire work must have been disposed in a fashion analogous to the partition ceilings so much in use about that epoch (1502). Three of the above figures are framed in a row of ovals; the fourth one has aquatic leaves instead. Everywhere the drawing of the Arabesques is deeply stamped with the ornamented character of the Italian XVIth. century.

XVIᵉ SIÈCLE. — FABRIQUE ALLEMANDE.

(COLLECTION DE M. SPITZER.)

ARMES OFFENSIVES. — ÉPÉE

AUX 45ᵉˢ DE L'ORIGINAL.

Cette arme, exécutée selon toute probabilité en Allemagne, vers la fin du xvɪᵉ siècle, paraît au premier abord remonter beaucoup plus haut. On est presque tenté de la faire remonter jusqu'à la période romane, b'est-à-dire au xɪɪᵉ siècle, tant elle offre les principaux caractères et l'aspect d'un travail de cette époque. On est vite détrompé, il est vrai, et un examen plus sérieux ne permet plus une erreur dans laquelle on se lancerait volontiers. Le premier mouvement d'un collectionneur ou d'un artiste n'est-il pas de vieillir d'abord l'objet qu'il contemple?

Le travail de cette garde ou poignée d'épée est en réalité assez grossier; mais le temps, plus encore que l'ouvrier peut-être, a contribué à lui donner cette rusticité quelque peu primitive à laquelle le xvɪᵉ siècle ne nous a guère accoutumés.

Ici, point de matières précieuses, point de nielles aux fins contours, point de gravures, point de champlevés : tout est en fer ciselé; mais

1493

这件武器很可能是 16 世纪末德国制造的，但乍看起来像是属于更古老的时代。某人试图将它制成罗马时期也就是 12 世纪的作品，因此它呈现出那一时期艺术品的外观和特点。但很快他便清醒过来，对该作品进行了仔细检查并改正了自己之前的错误想法。这是不是一个收藏家或艺术家第一次有把物品做旧的冲动？

这件作品的柄相当粗糙，但是造成这件作品粗野简陋的更大原因是时间问题而不是做工问题，这是 16 世纪的特点。

我们既看不到珍贵的材质，也没发现精致勾画的乌银和雕刻，这件作品全部是铁制雕花。但是上面一系列的装饰物雅致精细，最重要的是（剑柄顶端的）圆球展示出缠绕着的雕花和装饰物很是精致，上面的主题是打斗的场景。铁器刻制的（而不是笨重的材料）这些主题非常有趣，值得大家学习和了解。很不幸我们没有更多的空间来展示它，我们要把空间留给真正的装饰艺术，即（剑柄顶端的）圆球和这五个圆形饰物——好比太阳的卫星。整件艺术品的每个部分都留有空隙，如果说这件艺术品没有完美展示出 16 世纪艺术品的特点，至少我们对此类武器的装饰物有了大致正确的了解。

This arm, most probably manufactured in Germany, about the end of the xvɪth. century, seems, at first view, to belong to a more remote epoch. One feels tempted to bring it back up to the Roman period, that is to say, to the xɪɪth. century, so well does it present the look and characteristics of that time. It is true one is very soon undeceived, and a narrower scrutiny does not leave room for an error whereinto one is very disposed to fall. Is not the first impulse of a collector, or of an artist, to make older the object looked at?

Indeed the working of this guard, or hilt, is rather rough; but time more perhaps than labour is guilty of this somewhat primitive uncouthness, which is not an unusual feature of the xvɪth. century.

Here we see neither precious materials nor finely drawn nielloes, nor engravings; the whole is of chased iron. But the running ornamentation is very tasteful and, above all, the pommel shows, in the middle of twines skilfully done and of a very decorative kind, happily disposed subjects generally representing fights. Those motives, cut into the iron (rather an unwieldy material in such proportions), are interesting and worthy of being studied and explained. Unhappily we have no room to do it properly, and we must limit ourselves to pointing preferably the real decorative qualities of the pommel and of the five medallions, which are, so to say, the satellites of that radiant sun. The full parts are everywhere in keeping with the void, and everything, in that work of the xvɪth. century, shows if not positive perfection, at least a general and rightful understanding of the decoration as applied to an arm of that kind.

XVIIIᵉ SIÈCLE. — ÉCOLE FRANÇAISE.
(COLLECTION DE M. LÉOPOLD DOUBLE.)

MÉDAILLON DE LA REINE MARIE-ANTOINETTE
EN ARGENT GUILLOCHÉ ET REPOUSSÉ.

1494

La partie centrale de ce magnifique objet, c'est-à-dire le médaillon, est seule en métal; le reste est en bois doré, sculpté avec une extrême finesse. Le médaillon est fixé sur un fond de velours bleu foncé et passe pour avoir été fait dans l'atelier de serrurerie de Louis XVI et sous sa surveillance. Diverses parties du portrait sont dorées, notamment les rubans de la coiffure, le corsage et la manche de la robe, les fleurs de lis du sommet et les canneaux du cadre. Ajoutons que les chairs brunies ressortent sur un fond mat. Ce cadre, véritable chef-d'œuvre historique et artistique, est à notre avis un des plus précieux objets de la merveilleuse collection de M. Double.

这件令人瞩目的艺术品即这个圆形装饰物的中心部分是唯一的金属制品，其余部分是雕刻精致的镀金木制品。这件圆形装饰物安置在深蓝色的丝绒上，据说是在路易十六统治时期在国王的监督下由锁匠制成。图像中很多部分都是镀金的，尤其是头上的饰带、顶端的鸢尾花和框架上的长笛。暗色调的人物置于一成不变的背景中。以艺术家和史学家的视角来看，该框架着实是大师之作，在我们眼中是达布尔（Double）先生所有优秀藏品中最珍贵的。

The centre part of this magnificent object, we mean the medallion, is the only metallic one; the rest being of very finely cut and gilt wood. The medallion is fixed on a ground of dark blue velvet, and it is said to have been made in the locksmith's shop of Louis XVI, and under the supervision of that king. Sundry spots in the portrait are gilt, especially the ribbons of the head-dress, the flowers-de-luce of the top and flutings of the frame. Let us add that the flesh of a dark hue is set off on a deadening background. The frame truly a master-work in an artistical and historical point of view, is in our mind's eye one of the most precious objects of Mr. Double's marvellous collection.

XVIIIᵉ SIÈCLE. — ÉCOLE FRANÇAISE.

(FIN DE LOUIS XVI.)

PANNEAUX. — MOTIFS DE DÉCORATION

D'APRÈS DES DESSINS DU TEMPS.

1495

1496

A quel maître du xviiiᵉ siècle attribuer les deux dessins à la sanguine que nous reproduisons aujourd'hui ? M. Monvenoux, architecte, à l'obligeance duquel nous devons de les pouvoir publier, les attribuerait volontiers à Sallembier. Nous ne sommes pas absolument de son avis, et, tout en constatant un certain mérite dans la composition et l'exécution de ces deux motifs, nous déclarons n'y reconnaître ni la parfaite élégance ni l'entrain merveilleux de Sallembier ; un élève ou un imitateur du maître pourrait, avec plus de vérité peut-être, en être déclaré l'auteur. Les dessins, au nombre de cinq, ont dû être peints ou exécutés en tapisserie.

这件作品是对 17 世纪某位大师画作的复制品，但这位大师是谁我们无从得知。非常感谢设计师蒙温努克斯（Monvenoux）先生允许我们对该画作进行刊登出版，他似乎更倾向于是莎伦贝尔（Sallembier）创作了这些作品。我们却不这样认为，虽然我们承认这两幅作品构图巧妙，但作品既没有体现出莎伦贝尔的优雅完美，也没体现出蕴含的精神力量，比较有可能的是这位大师的五名学生或模仿者进行了勾画或织绣。

To what master of the xviiith. century are we to ascribe the two drawings here reproduced ? Mr. Monvenoux, the architect, to whose kindness we owe to be able to publish them, seems much inclined to proclaim them a creation of Sallembier. We are of a rather different opinion, and though ready to willingly admit a certain merit in the composition of both motives, we profess that we do not see in either Sallembier's perfect elegance or his marvellous flow of spirit; a pupil or imitator of the master may more justly be adjudged the author of those drawings which are five in number and have been executed either in painting or tapestry.

XVIᵉ ET XVIIᵉ SIÈCLES.
(COLLECTION DE M. LÉON BACH.)

ACCESSOIRES DE TABLE.
COUTEAUX. — CUILLERS. — FOURCHETTES.

Ces six instruments de table, qui offrent une si grande variété, ne sont pas tous d'une même époque; mais ils sont tous intéressants et dignes d'être présentés comme modèles.

La fig. 1498 est un couteau dont le manche en buis est orné d'une figure pleine de caractère et parfaite d'exécution.

Les fig. 1497 et 1499 montrent une petite cuiller et une fourchette entièrement en ivoire, parfaitement exécutées, et dont l'extrémité de la spatule est ornée d'une figure de femme en buste. Ces deux objets sont charmants. La fig. 1501 est une

这六件餐桌用具造型各异，所处时期各不相同，但是它们都很有趣且可以作为典型进行了解。

图 1498 是一把刀子，刀把处是黄杨木，上面的人物形象细致精美、栩栩如生。

图 1497 和 图 1499 是一把铁制小勺子和铁制叉子，顶部是做工精致的女性半身像，优美迷人。图 1501 是银制勺子，勺柄处布满了金银丝饰品。图 1500 是一把叉子，银制手柄，上面明显雕刻着衣着宽松的女性，拳头上落着一只鹰；再上面是一只鹈鹕，象征着献身含义；在手柄的末端有两只鸽子激烈的亲吻着彼此。图 1502 是一把小刀，瞩目的是手柄底端有一只造型奇特的喀迈拉（Chimera）。

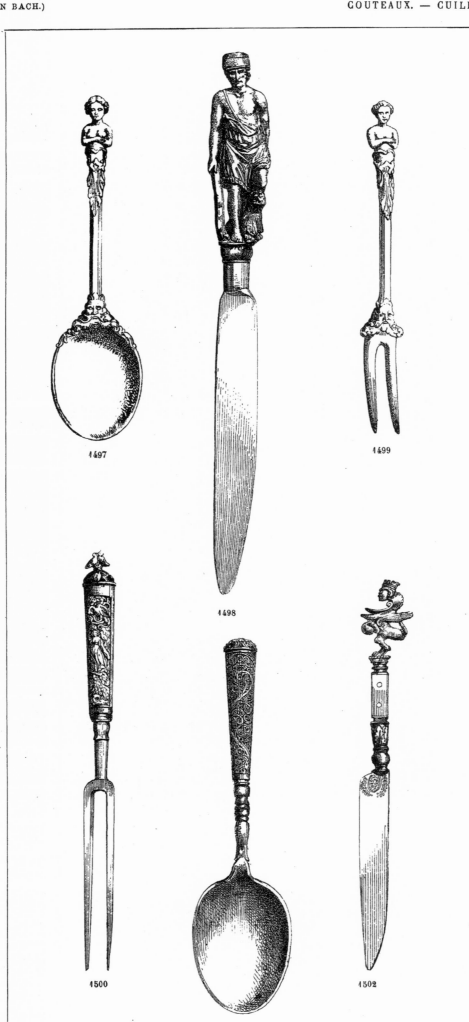

1497　　　　1498　　　　1499

1500　　　　1501　　　　1502

These six table utensils, in which so great a variety is existing, are not all of the same epoch; but all are interesting and worth being offered as models.

Fig. 1498 is a knife whose handle in box-wood is ornated with a figure full of character and perfect in execution.

Fig. 1497 and 1499 are a small spoon and fork entirely of ivory, perfectly executed and ornated at the top with a female bust. Those two objects are charming. Fig. 1501 is a silver spoon, whose handle extremely rich is ornated with exquisite filigrees. The fork in No. 1500 has a silver handle carved with the utmost fineness, and in which is discernible a lady with ample garments, holding a falcon on her fist; higher is a pelican, the emblem of devotedness; at the extremity of the handle, two doves are amorously kissing each other. As for the small knife represented in fig. 1502, it is especially remarkable for the odd Chimera at the end of its handle.

XIVe SIÈCLE. — SERRURERIE FRANÇAISE.

(ANCIENNE COLLECTION LE CARPENTIER.)

GRILLE EN FER FORGÉ ET DORÉ

A MOITIÉ DE L'EXÉCUTION.

1503

Cette grille est de petites dimensions (38 cent. de haut sur 30 de large), et n'a pu être utilisée qu'à clore une petite ouverture, un guichet quelconque. Elle est d'un fort bon goût et l'exécution remarquablement soignée. Les huit fleurons appliqués sur deux tiges verticales sont en tôle découpée. Cette intéressante petite grille, des dernières années du XIVe siècle, a conservé sa serrure ingénieusement disposée, et çà et là aussi quelques traces de dorure.

炉算规格很小（高38厘米，宽30厘米），只能用来关住小孔或小门。该工艺品样式优美、做工非凡。装在两根垂直杆子上的八朵花由铁板切割而成。这件工艺品可追溯到14世纪，锁安置的位置十分巧妙，零星分布着镀金的痕迹。

This grate is of very limited proportions (38 centimeters in height by 30 in width), and could possibly be used but to close a small aperture, any wicket. It is of a very good style, and its execution is quite remarkable. The eight flowers charged on two vertical rods are of cut sheet-iron. This interesting small grate, dating from the last years of the XIVth. century, has kept up its skilfully disposed lock, and here and there some traces of gilding.

N° 160

6me Année.

15 Août 1866.

L'ART POUR TOUS
ENCYCLOPÉDIE DE L'ART INDUSTRIEL ET DÉCORATIF
Paraissant les 15 et 30 de chaque mois.

PUBLIÉ SOUS LA DIRECTION DE M. C. SAUVAGEOT | FONDÉ PAR M. ÉMILE REIBER, ARCHITECTE

ABONNEMENT ANNUEL
France. . . . . 18 fr.
Étranger. . . 20 fr.
L'Année partie. 25 fr.

A MOREL
ÉDITEUR
13, rue Bonaparte
Paris.

XVe SIÈCLE. — FONDERIES ITALIENNES.

(ANCIENNE COLLECTION DE M. DE MONVILLE.)

COFFRET DIT DE DONATELLO,

EN BRONZE ET GRANDEUR DE L'ORIGINAL.

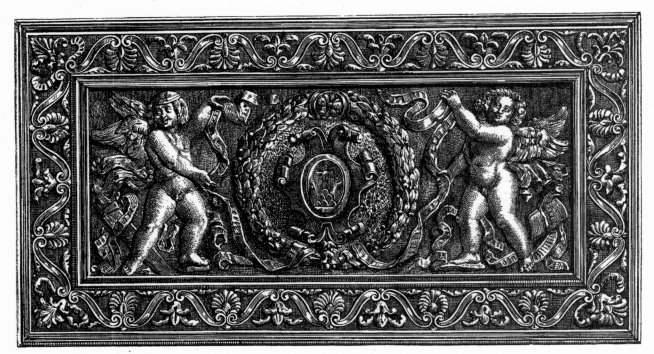

1503

1504

La fig. 1503 montre le couvercle du coffret, au centre duquel on voit, entouré d'une couronne de laurier, le blason du premier possesseur; deux anges ailés tiennent une longue banderole, qui court autour du médaillon principal; une bordure, contenant un ornement courant d'un goût exquis et emprunté aux frises antiques, règne sur les bords du couvercle.

La fig. 1504 montre une des faces du coffret : deux centaures, portant chacun une jeune femme presque nue, soutiennent d'une main un médaillon formé de deux cornes d'abondance; ce médaillon contient un buste de femme très-saillant. Les petits côtés du coffret présentent une tête de Méduse entourée d'une guirlande de fleurs. Le bronze est très-coloré, presque noir; les pieds qui supportent le coffret sont de forme assez vulgaire.

图 1503 是匣子的盖子，中间是第一任主人的盾形纹章，周围环绕着桂冠，萦绕着中间的圆形饰物；盖子的四周装饰着古式饰带。

图 1505 是匣子的其中一个面，两只半人马兽背着近乎全裸的年轻女子，一只手拿着装饰有丰饶角饰的圆形饰物，圆形饰物的中间是一个女性的半身像。面积较小的一边呈现的是蛇发女妖美杜莎（Medusa），脑袋上带着花冠。这件青铜制品的颜色较深，几乎全部是黑色的，匣子的底座形状粗糙不雅。

In fig. 1503, the lid of the casket is shown, in the centre of which one sees encircled with a laurel wreath the coat of arms of the first owner; two winged angels are holding a long bandrol which is floating round the principal medaillon; along the edge of the lid, in a frame, runs an ornament borrowed from antique friezes.

Fig. 1504 gives one of the faces of the casket; two Centaurs, each bearing on his back a young and almost naked female, hold with one hand a medallion formed with two cornucopiæ, in which is seen the very projecting bust of a woman. The smaller sides present a Medusa's head within a flower crown. The bronze is of a dark hue, almost black; the feet of the casket are rather of a vulgar shape.

中间主题最突出的部分是步兵在打仗，后面是被包围的城池；花纹带状物环绕着各种各样的装饰物。高 0.64 米，宽 0.44 米。

COLLECTIONS
DU
LOUVRE

MUSÉE
DES
SOUVERAINS

Procédé Poitevin.   Lithophoto.   Imp. Lemercier et Cie. Paris.

Ce bouclier est en fer repoussé et ciselé, damasquiné d'or et d'argent.

Le motif central représente au premier plan un combat d'infanterie, au second plan le siége d'une ville ; un lacet damasquiné maintient dans son réseau des motifs variés d'ornementation. Hauteur 0m,64, largeur 0m,44.

这件铁制盾牌上有金银雕花。
中间主题最突出的部分是步兵在打仗，后面是被包围的城池；花纹带状物环绕着各种各样的装饰物。高 0.64 米，宽 0.44 米。

This shield is in drifted and chased iron, damaskeened with gold and silver.

In the central motive are seen, on the foreground a battle of foot-soldiers, and on the background a besieged city ; a damaskeened string or fret encircles various motives of ornamentation. Height : 6m,64 ; breadth : 0m,44.

XIIIᵉ SIÈCLE. — ARCHITECTURE ET SCULPTURE.
(ÉCOLE DE L'ILE-DE-FRANCE.)

COURONNEMENT DES ARCS-BOUTANTS DE LA NEF
A NOTRE-DAME DE PARIS.

(RESTITUTION DE M. E. VIOLLET-LE-DUC, ARCHITECTE.)

L. SAUVAGEOT, DEL.   1506   CL. SAUVAGEOT, SC.

Les **arcs-boutants** sont des arcs extérieurs destinés par leur position à contre-bouter la poussée des voûtes en arcs d'ogives. Ce système de construction, loué par les uns, blâmé par les autres, a servi très-souvent, pendant les XIIIᵉ, XIVᵉ et XVᵉ siècles, à motiver de riches et puissantes décorations sculpturales. Le motif de couronnement que nous montrons ici, et qui appartient à la façade latérale sud de Notre-Dame de Paris, en est une preuve incontestable.

通过位置来判断，弧形支柱是外拱结构，用以稳固尖形拱顶。在 13 世纪、14 世纪和 15 世纪，人们对这类建筑结构褒贬不一，是丰富多样和极具震撼的雕塑装饰物所采取的主要结构类型。你一定能认出，这座顶级建筑是巴黎圣母院的南侧。

The **arc-buttresses**, here, are exterior arches, which, by their position, are destined to counter-check the thrust of the ogive arched vaults. That kind of construction, which was praised and dispraised by turns, has very often, during the XIIIth., XIVth. and XVth. centuries, served as a motive to rich and powerful sculptural decorations. The crowning piece here given, and which belongs to the southern side of Our-Lady, of Paris, will unquestionably make it out.

MOTIFS DE DÉCORATION PEINTE,
PAR RANSON.

1508

These motives are from Ranson's engraved works.

这些作品属于朗松（Ranson）的雕刻作品。

1507

XVIIIᵉ SIÈCLE. — ÉCOLE FRANÇAISE.

(LOUIS XVI.)

Ces motifs sont copiés de l'œuvre gravée de Ranson.

6me Année.

N° 161

30 Août 1866.

ABONNEMENT ANNUEL
France . . . . . 18 fr.
Étranger . . . 20 fr.
L'Année parue. 25 fr.

L'ART POUR TOUS

ENCYCLOPÉDIE DE L'ART INDUSTRIEL ET DÉCORATIF

Paraissant les 15 et 30 de chaque mois.

PUBLIÉ SOUS LA DIRECTION DE M. C. SAUVAGEOT | FONDÉ PAR M. ÉMILE REIBER, ARCHITECTE

A. MOREL
ÉDITEUR
13, rue Bonaparte
Paris.

XVIIIᵉ SIÈCLE. — ORFÉVRERIE FRANÇAISE.
(LOUIS XVI.)
(COLLECTION DE M. DE MONBRISON.)

CADRE EN CUIVRE CISELÉ ET REPOUSSÉ,
CONTENANT LES MÉDAILLONS DE LOUIS XVI ET DE MARIE-ANTOINETTE.

4509

Deux médaillons, ou cadres elliptiques, contiennent les portraits de Louis XVI et de Marie-Antoinette, et sont fixés l'un et l'autre dans un cadre rectangulaire muni de crossettes aux angles. C'est peu et cependant c'est beaucoup; d'abord, les deux médaillons, c'est-à-dire les deux portraits, sont de véritables chefs-d'œuvre, et pour cela seul suffiraient à attirer l'attention. Les portraits du roi et de la reine sont en argent ciselé et repoussé; les chairs sont brunies. C'est une merveille d'exécution, malgré l'accentuation un peu exagérée des traits.

Quant au cadre proprement dit, il est en cuivre doré, présentant tantôt des parties lisses et brunies, tantôt des surfaces pointillées. Un anneau est fixé au sommet du cadre pour pouvoir les suspendre et l'accrocher.

这两件圆形饰物或椭圆框中是路易十六和玛丽·安托内特（Marie-Antoinette）的形象，安置在装有突肩的矩形框架中，这就是全部内容。但我们要补充的是这两幅引人瞩目的画作都是大师作品。国王和王后的形象是银制品雕刻而成，经过了抛光打磨。从做工来看，该作品出类拔萃，虽然人物五官特点有些夸张。

边框是铜制鎏金的，经过了抛光，表面光滑有斑点。外框的顶部安了一个环，可以将作品悬挂起来。

Two medallions, or elliptic frames, contain the portraits of Louis XVI and Marie-Antoinette, both fixed into a rectangular frame furnished with crossettes. That's all; but let us add that the two medallions, that is to say, the two pictures, are really master-works, and would by themselves draw the attention. The king and queen's portraits are in chased and drifted silver; the flesh is brunished. It is a jewel for its execution, in spite of the rather exaggerated projection of the features.

As to the frame properly said, it is of copper gilt showing here smooth and brunished parts, and there dotted surfaces. The general frame is furnished with a ring at the top, that it may be hung.

XIIᵉ SIÈCLE. — ÉCOLE DE LIMOGES.
(COLLECTION DE M. GERMEAU.)

CROIX STATIONALE EN CUIVRE,
ORNÉE D'ÉMAUX CHAMPLEVÉS.

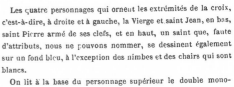

FACE DE LA CROIX.

Cette précieuse croix émaillée date, à n'en pas douter, de la fin du xiiᵉ siècle; elle est une des plus belles pièces de la riche collection de M. Germeau, où les objets de cette nature et de cette époque sont en si grand nombre.

Les émaux champlevés qui décorent la croix de M. Germeau, ancien préfet du département de la Haute-Vienne, sont fabriqués à l'imitation des émaux byzantins, c'est-à-dire que tout y est émaillé, le fond et le sujet.

La figure du Christ occupe, comme d'habitude, sur la face de l'objet que nous montrons aujourd'hui, le centre même de la croix. Cette figure, dessinée par des bandes de métal réservé, se détache en émail blanc sur un fond bleu. La bande ornée qui

se voit au milieu de l'objet, bande cachée en partie par le corps du Christ, est à fond vert; les ornements en sont blancs. Les bandes qui contournent cette croix centrale sont enrichies d'ornements, de rinceaux blancs sur fond bleu assez vif. Les chairs seules du Christ sont complétement blanches, la draperie et les cheveux sont à fond bleu.

Les quatre personnages qui ornent les extrémités de la croix, c'est-à-dire, à droite et à gauche, la Vierge et saint Jean, en bas, saint Pierre armé de ses clefs, et en haut, un saint que, faute d'attributs, nous ne pouvons nommer, se dessinent également sur un fond bleu, à l'exception des nimbes et des chairs qui sont blancs.

On lit à la base du personnage supérieur le double monogramme du Christ obtenu au moyen de gravure sur le cuivre. La douille ou partie supérieure du bâton est aussi ornée de gravures.

On ne saurait vraiment trop faire l'éloge de cette œuvre remarquable d'orfévrerie du xiiᵉ siècle, où les émaux qui la couvrent en entier sont d'une harmonie incomparable. Nous publierons d'ici peu le revers de l'objet dont l'intérêt est non moins grand. Sa hauteur, y compris la partie figurée de la hampe, est de 65 centimètres; la largeur est de 29 centimètres.

This precious enamelled cross dates without a doubt from the end of the xiith. century; it is one of the finest pieces of Mr. Germeau's rich collection, wherein articles of that kind and of the same epoch are numerous.

The raised enamels which decorate this cross belonging to Mr. Germeau, late prefect of the department of Haute-Vienne, are made in imitation of Byzantine enamels, that is to say everything in it is enamelled, ground and subject.

As usual the figure of Christ occupies, on the face of the object here shown, the very centre of the cross. This figure drawn by means of bands of reserved metal, detaches itself in white enamel on a blue ground. The ornated band in the middle of the object, and which may be said to form a second cross partly hidden by the Christ's body, is with a green ground, and the ornaments are white. The bands round this central rood are enriched with ornaments of white foliages on a rather light blue ground.

The four personages ornamenting the cross' branches, viz., on the right and left, the holy Virgin and saint John, at the bottom, saint Peter holding his keys, and, at the top, a saint to whom, for want of attributes, we are unable to give a name, are equally drawn on a blue ground, with the exception of the nimbi and flesh, which are white.

One may read, at the feet, of the upper personage, the double monogram of Christ obtained by the process of copper engraving. The upper portion of the staff is, too, ornated with engravings.

It is impossible to praise too much that remarkable piece of the goldsmith's art of the xiith. century, in which the enamels with which it is covered present a matchless harmony. We intend to soon publish the reverse of that cross, which is not less interesting. Its height, with the given portion of the staff, is 65 centimetres; its width, 29 centimetres.

这件珍贵的搪瓷十字架无疑可以追溯到 12 世纪末，是热尔姆（Germeau）众多藏品中最宝贵的艺术品之一，他有很多同时期同类型的艺术品。

装饰这件十字架的浮雕搪瓷属于已故的上维埃纳地方行政长官热尔姆先生，制作时模仿了拜占庭的搪瓷，也就是说十字架上所有的内容都是搪瓷的且经过了细磨加工。

同以往一样，基督的形象占据十字架的中间位置，由金属条纹勾勒而成，白色的搪瓷底色是蓝色。中间部位的装饰饰带构成了第二个十字架，隐藏在基督的身体里，装饰物是白色的，底色是绿色的。围绕着中间基督形象的饰带装饰有白色的叶子，底色是浅蓝色。

装饰在十字架上的四个人物形象分别是：左边是圣母（Virgin），右边是圣约翰（Saint John），下面的是拿着钥匙的圣彼得（Saint Peter），上面的是圣人（由于缺乏特点，我们不知道这个形象具体代表的是谁），他们的底色是蓝色，只有光圈和皮肤是白色的。

你能看到最上面的人物形象的脚底是两行基督符号，由铜雕刻而成。该人物的上半部分也装饰有雕花。

再多的言语也无法形容这件 12 世纪的金匠制品，其表面覆盖的搪瓷呈现出无与伦比的协调美感。我们打算尽快刊登十字架的背面，其背面也十分有趣。参考其中人物的比例，这件十字架的高为 65 厘米，宽为 29 厘米。

XVIᵉ SIÈCLE. — ORFÉVRERIE ORIENTALE.
(COLLECTION DE M. FOUREAU.)

1511

Dans cet objet fabriqué en Perse vers le milieu du xvıᵉ siècle, nous voyons les émaux, aux couleurs vives et harmonieuses, se joindre à la matière précieuse, qui lui donne sa forme. En effet, l'or, ou plutôt le vermeil, est constellé de rosaces émaillées de diverses grandeurs, assez semblables, sauf leurs dimensions restreintes, aux roses de nos édifices du moyen âge. Non-seulement la panse de l'aiguière en est littéralement couverte, mais le bord du plateau en laisse voir aussi un très-grand nombre. Le col de l'objet et son couvercle en forme de coupole ne sont pas exempts non plus de ce genre d'ornement, appliqué ici avec un rare bonheur.

我们能看到，这件 16 世纪中期产于波斯的艺术品上的搪瓷颜色鲜艳协调，材质珍贵。镀金和镀银用大小不同的搪瓷玫瑰点缀着，小部分玫瑰是中世纪风格。不止是水壶的壶体部位有玫瑰，底座盆边也有众多肉眼可见的玫瑰。瓶颈和盖子看起来像是穹顶，上面的装饰物也和其他部位的一样。

In this object, manufactured in Persia about the middle of the xvıth. century, we see enamels with both vivid and harmonious colours added to the precious materials of which it is made. In fact, the gold, or rather the silver gilt, is here constellated with enamelled roses of different dimensions, not unlike, but for the smallness of the proportions, the roses of our mediæval structures. Not only is the belly of the ewer literally covered with those roses, but on the edge of the basin a great many more are to be seen. The neck and its lid shaped like a cupola are no exception to that kind of ornaments here very happily used.

XVIIᵉ SIÈCLE. — FONDERIES FRANÇAISES.
(LOUIS XIV.)

FLAMBEAUX EN BRONZE DORÉ.
(COLLECTION DE M. DE MONBRISON.)

1512

Nous avons vu, ces temps derniers, les « Misérables » de Victor Hugo inspirer à l'industrie française des flambeaux d'un goût plus que contestable, où les principaux personnages du célèbre roman sont figurés dans des poses grotesques et impossibles. Voici deux flambeaux où des personnages humains, Adam et Ève, servent aussi de tige et de support à la bobèche, mais où l'on s'est bien gardé, par exemple, de donner une pose tourmentée à ces figures faisant office de cariatides. Ces flambeaux sont âgés d'au moins deux siècles ; si l'anatomie des personnages n'est pas exempte de tout reproche, on ne pourra nier pourtant ni la sévérité de leur style ni leur bon emploi décoratif. Il est quelquefois bon de regarder dans le passé.

该作品展示的是维克多·雨果（Victor Hugo）的《悲惨世界》中所指的法国制造的烛台，上面主要展示着代表浪漫的著名人物，但其姿势怪诞奇异。两个大烛台上的两个人物形象分别是亚当（Adam）和伊娃（Eve），他们支撑着烛台；不过艺术家还是抱以谨慎的态度，使这两个形象显得平静安详。这两个烛台至少有两百年的历史了，如果这个形象的躯体使人异常反感，那么人们既不会认可其风格的纯真质朴，也不会愉快地使用他们。有时回顾历史是一件不错的事情。

We have seen of late Victor Hugo's « Miserables » suggest to the French industry candle-sticks of a more than questionable taste, wherein the principal personages of the celebrated romance are figuring in grotesque and impossible postures. Here are two flambeaus where two human personages, Adam and Eve, serve, too, for tiges and supports to the sockets ; but in which the maker has at least scrupulously refrained from giving unquiet attitudes to those cariatid-like figures. These candle-sticks are, at the very least, two centuries old ; if the anatomy of the personages is not entirely unobjectionable, yet neither the chasteness of the style nor their being put to happy use are to be denied. It is sometimes good to look back to the past.

6me Année.

N° 162

15 Septembre 1866

ABONNEMENT ANNUEL
France. . . . . 18 fr.
Étranger. . . 20 fr.
L'Année parue. 25 fr.

L'ART POUR TOUS
ENCYCLOPÉDIE DE L'ART INDUSTRIEL ET DÉCORATIF
Paraissant les 15 et 30 de chaque mois.

PUBLIÉ SOUS LA DIRECTION DE M. C. SAUVAGEOT | FONDÉ PAR M. EMILE REIBER, ARCHITECTE

A MOREL
ÉDITEUR
13, rue Bonaparte
Paris.

XVIIIᵉ SIÈCLE. — ÉCOLE FRANÇAISE.
(LOUIS XVI.)

(COLLECTION DE M. GLEIZES.)

BAS-RELIEF EN TERRE CUITE
(ATTRIBUÉ A CLODION.)

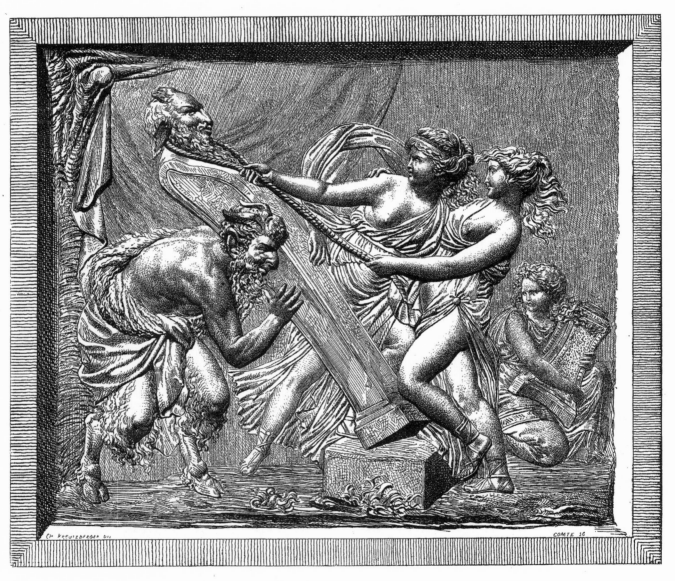

CH. KREUTZBERGER Del.

COMTE SC

4513

L'an passé nous montrions déjà, dans l'*Art pour tous*, une terre cuite de Clodion d'un certain mérite (Satyre portant une bacchante); aujourd'hui nous publions un bas-relief, qui ne le cède en rien à l'œuvre précédemment publiée et qui, à notre avis, ne peut guère être attribué à un autre maître! Le sujet représente un terme dressé sur un piédestal par un satyre et deux bacchantes. Toute cette scène ingénieuse est parfaitement rendue. Le satyre, au front cornu, porte sur ses robustes épaules la statue du dieu, terminée par une longue gaine, tandis que les jeunes bacchantes, à peine vêtues, les cheveux en désordre, aident à son installation, en la tirant par une corde. Une troisième figure, dans le fond, tient l'autel portatif, où les sacrifices vont être accomplis.

Dans un prochain numéro nous présenterons le pendant de cette scène gracieuse. (Grandeur de l'original.)

去年我们在此书中介绍了克洛迪昂（Clodion）的赤陶作品，该作品有很多优点值得介绍；今天刊登的这件浮雕作品在各个方面都不逊色于之前的作品，而且我们认为该作品不会出自其他人之手。这件作品的主题是一个森林之神和两个酒神祭祀抬着一个柱子。这幅作品中巧妙的场景堪称完美：森林之神的前额长着角，坚实的肩膀撑着神像；年轻的酒神祭祀衣不蔽体，披散着头发，帮着安装这个乡土气息浓厚的神像。第三个人物形象在后面的背景中，拿着放祭品的便携祭台。

我们会在前面的部分展示这件作品的背面（原始尺寸）。

We gave, last year, in the *Art pour tous*, a terra-cotta by Clodion, which was far from being without merit (a Satyr carrying a Bacchante); we to-day publish a basso-relievo inferio in no way to the former work, and which, in our opinion, is to be attributed to no other master. The subject here represented is a Term which a Satyr and two Bacchantes are uplifting on a pedestal. The whole of this ingenious scene is rendered to perfection : the brow-horned satyr bears on his robust shoulders the god's statue ending into a sheath ; whilst the young Bacchantes, scantily clothed and with dishevelled hair, give help for the installation of the rural deity. A third personage, in the back-ground, holds the portable altar upon which sacrifices will be offered.

In an early number we will give the counter-part of this graceful subject. (Size of the original.)

XVIe SIÈCLE. — ÉCOLE FRANÇAISE.　　　　　　ACCESSOIRES DE TABLE. — PLATEAU EN ÉTAIN,
(COLLECTION DE M. DUTUIT, DE ROÜEN.)　　　　　　　　　　　　PAR BRIOT.

1514

Ce plateau, où l'on remarque la signature de Briot, est ainsi composé : au centre de l'objet, sur un médaillon en saillie, est figurée la Tempérance, un vase et une coupe en mains ; autour de ce médaillon on voit les quatre éléments, l'air, l'eau, la terre et le feu, représentés dans des cartouches elliptiques, par des personnages d'attitudes diverses et entourés d'attributs. Les médaillons sont reliés par des termes, placés au milieu d'ornements exquis. Les arts libéraux, c'est-à-dire la sagesse (Minerva), la grammaire, la dialectique, la rhétorique, la musique, l'arithmétique, la géométrie et l'astrologie, sont représentés aussi dans des médaillons, sur le marli du plateau. Chacune de ces figures allégoriques est entourée des attributs qu'elle personnifie.

这件盘子上有布里奥（Briot）的签名，由以下内容构成：中间是一个圆形饰物，上面的主题是"节制"形象，她手中有一只花瓶和一个杯子；围绕着圆形饰物的有四个元素，空气、水、土地和火焰，他们以人物形象出现在椭圆的旋涡花饰中，形态各异，有各自的特点。它们通过半身像（古罗马经常使用的分隔方式）彼此相连，周围是精致的装饰物。自由艺术即智慧[密涅瓦（Minerva, 智慧、技艺和战争女神）]、语法、辩证法、修辞学、音乐、算法、几何学以及占星学都呈现在圆形花饰中，位于盆子边缘，人格化的艺术特征包围着这些寓言形象。

This tray, which bears Briot's signature, is composed in that way : in the centre of the object, upon a projecting medallion, the figure of Temperance is seen with a vase and a cup in her hands ; round the medallion the four elements, air, water, earth and fire, are figured, within elliptic cartouches, by personages in various postures and with proper attributes. The medallions are united to each other by Termini placed in the middle of exquisite ornaments. The liberal arts, that is to say : Wisdom (Minerva), Grammar, Dialectic, Rhetoric, Music, Arithmetic, Geometry and Astrology, are also represented in medallions upon the rim of the basin. Each of those allegoric figures is surrounded by the attributes of the art which it personifies.

XVIIᵉ SIÈCLE. — ÉCOLE FRANÇAISE.
(LOUIS XIV.)

GRANDE ARMOIRE EN ÉBÈNE AVEC MARQUETERIE,
PAR BOULE.

(MOBILIER DE LA COURONNE.)

La marqueterie est appliquée sur fond de cuivre. Sur les battants se voient de petits génies et des trophées de chasse, en cuivre ciselé et doré.

这件方格式结构艺术品的底板是铜制的。两边都有小精灵和战利品，由铜制雕刻而成并且进行了鎏金处理。

The checker-work is here charged on copper ground. On both leaves are seen little genii and hunting trophies in chased copper gilt.

Iᵉʳ SIÈCLE. — CÉRAMIQUE CHINOISE
DE L'ÉPOQUE DES MINGS.
(PREMIER SIÈCLE DE NOTRE ÈRE.)

VASE QUADRANGULAIRE A PANS,
AVEC PEINTURES ÉMAILLÉES.
(COLLECTION DE M. EDMOND TAIGNY.)

Nous voici en présence d'un objet d'une beauté incontestable, mais dont la description exacte devient bien difficile. Il est plus aisé, en effet, de reconnaître la beauté d'une pièce de cette nature que d'en spécifier la fabrication, d'en reconnaître exactement l'origine et distinguer nettement le sujet de la peinture. Il se mêle toujours, dans l'art chinois, à la représentation matérielle d'un fait, un sens allégorique qu'on ne peut deviner, sans être profondément versé dans l'histoire religieuse ou politique.

Nous pouvons dire cependant que les vases de cette nature étaient souvent commandés par des familles, pour perpétuer le souvenir d'un fait militaire, d'une distinction civile, ou d'un fait religieux, exactement comme cela se faisait autrefois dans la grande Grèce, pour les vases grecs.

L'objet en question est surmonté d'un col carré et évasé au sommet. Sa hauteur est de 58 centimètres, sa largeur, à la base, de 11 centimètres.

Les quatre faces du vase sont ornées

Here we have before our eyes an object of an unquestionable beauty, but an exact description of which is very difficult. For it is much easier to appreciate the beauties of a piece of that kind, than to specify its manufacture, to recognize its exact origin, and to distinguish clearly the subject of its picture. In the Chinese art, there is always mixed with the material representation of a fact, an allegoric sense which no one can guess but he who is profoundly conversant with religious and political history of the Chinese people.

Yet, we may say the vases of that kind were often ordered by families, to perpetuate the memory of a warlike deed, of a civil distinction, or of a religious fact, exactly in the same fashion as it was formerly done in Magna-Græcia, in respect to the Grecian vases.

The subject in question has a square neck wadening at the top. Its height is 58 centimetres, its width, at the bottom, 11 centimetres.

The four faces of the vase have, for ornaments, subjects with human figures, evident personifications of love and war actions. On one of the sides there is an introduction. On another, a paladin armed cap-a-pie, and followed by his men-at-arms bearing the yellow banner, offers up an obeisance to a young damsel on a balcony: it is, with the exception of the dresses, a page of some mediæval romance. The two remaining sides refer, the one to a marriage-suit, the other to a scene the meaning of which is unintelligible to us, but which must be a capital one, to judge of it by the presence of a personage who figures in a great many pieces of the same epoch.

The vase, clearly painted for a particular circumstance, and not as a commercial commodity, is remarkable for the precision of its drawing and the charm of the antique colours of its fine and translucide enamel, which distinguishes the works of that time.

Thanks to Mr. E. Taigny's kindness we have been able to publish that remarkable Chinese object.

4516

de sujets à personnages, dont le sens cache évidemment des allusions à un fait d'amour et de guerre. Sur un des pans a lieu une présentation. Sur un autre, un paladin armé en guerre, suivi de l'étendard jaune et de ses hommes d'armes, adresse un salut à une jeune fille sur un balcon : c'est, aux costumes près, une scène de quelque roman du moyen âge. Les deux autres faces ont trait, l'une, à une demande en mariage, et l'autre, à une scène dont le sens nous échappe, mais qui doit être capitale, à en juger par la présence d'un personnage qui figure dans une foule d'autres pièces de la même époque.

Ce vase, peint évidemment pour une circonstance particulière, et non comme matière commerciale, est remarquable par la précision du dessin et le charme des couleurs archaïques d'un émail fin et transparent, qui distinguent les œuvres de cette époque.

Nous devons à l'obligeance de M. E. Taigny de pouvoir publier ce remarquable objet chinois.

毫无疑问，这件呈现在我们眼前的作品精美绝伦，但是对它的美进行具体描述却实非易事。品鉴这类作品的美不是最难的，详细列出它的做工、确切的起源以及明确区分图画的主题是更加困难的工作。中国的艺术作品总是掺杂着现实和寓言含义，除非你对中国历史有深刻了解，否则无法猜出其中的寓意。

就希腊花瓶而言，这类花瓶通常由家族订制，为了永远铭记战争史实、荣誉或宗教内涵，和之前大希腊地区的风格方式相同。

瓶颈部位是方形的，而且顶端最宽。高58厘米，底部宽11厘米。

花瓶的四个面装饰着人物形象，很显然是爱和战争行为的化身。其中一面是介绍，另一面是全副武装的游侠，后面跟着他的士兵，举着黄旗子，向楼座上的年轻女子颔首行礼：如果忽略服饰，这一画面蕴含着中世纪的浪漫气息。剩下的两面中，一面是婚礼礼服，另一面展现的内容虽然让我们感到费解，但通过其中的人物形象多次出现在同一时期的众多作品中，我们可以判断这一面是整个作品的主要内容。

很显然这件花瓶绘制出特定的情景，它并不是作为一件商品而变的珍贵，而是精细的画作和半透明精致搪瓷的古彩吸人眼球，使该作品在同一时代的作品中脱颖而出。

感谢埃德蒙·泰格尼（E. Taigny）先生的慷慨大度，使我们能够刊登这件引人瞩目的中国艺术品。

6me Année.

N° 163

30 Septembre 1866.

ABONNEMENT ANNUEL
France . . . . 18 fr.
Étranger . . . . 20 fr.
L'Année parue. 25 fr.

L'ART POUR TOUS
ENCYCLOPÉDIE DE L'ART INDUSTRIEL ET DÉCORATIF
Paraissant les 15 et 30 de chaque mois.
PUBLIÉ SOUS LA DIRECTION DE M. C. SAUVAGEOT | FONDÉ PAR M. ÉMILE REIBER, ARCHITECTE

A. MOREL
ÉDITEUR
13, rue Bonaparte
Paris.

XVIIᵉ SIÈCLE. — CÉRAMIQUE FLAMANDE.

ACCESSOIRES DE TABLE.

CANETTES OU CRUCHONS

EN GRÈS DE FLANDRE ÉMAILLÉ.

1517

Ces deux objets sont reproduits aux deux tiers d'exécution ; ils sont en grès gris, rehaussé par places de bleu foncé. Ainsi, les scènes à personnages et les ornements et fleurons, qui décorent la panse, le col et les autres parties de la canette de droite, se détachent sur fond bleu. La plupart des filets moulurés de la seconde, les canneaux alternés et le fond des fleurons sont de même couleur. Les couvercles en étain ajoutent par leur éclat métallique à la coloration puissante de ces objets, dont la forme elle seule est déjà remarquable.

这里展示的两件复制品是原作规模的三分之二，通过少许的深蓝色增加了石制器皿的美。右边壶上的人物形象、装饰物和鲜花装点了瓶身、瓶颈和壶的其他部分，底色是蓝色的。左边大部分的饰线、交替的凹槽装饰以及鲜花的背景颜色相同。盖子散发出金属光泽，增加了整件作品的颜色冲击，可谓是一件引人瞩目的优秀作品。

These two objects, reproduced here at two thirds of their real dimensions, are of grey-beard stone ware, enhanced with spots of dark blue. So, the human figures, the ornaments and flowers decorating the belly, neck and other parts of the right jug, detach themselves on a blue ground. Most of the moulded fillets of the left one, as well as the alternate flutings and the ground of the flowers are of the same colour. The tin lids add by their metallic brightness to the powerful colouring of these objects whose very form is remarkable by itself.

XIIIᵉ SIÈCLE. — .ORFÉVRERIE, ÉMAUX, IVOIRES.

(COLLECTION DE M. A. FIRMIN DIDOT.)

COUVERTURE DE MANUSCRIT

AUX 4/5ᵉˢ DE L'ORIGINAL.

1518

Le sujet central de cette reliure d'orfévrerie, représentant le Christ en croix, est sculpté dans une plaque d'ivoire. La bordure qui l'entoure est en or repoussé, profilée en biseau et ornée de caissons où la même rosace est répétée invariablement. Les angles sont occupés par quatre énormes bouillons en cristal de roche, qui ont pour mission de supporter le livre comme sur quatre pieds ; les cabochons, les filigranes, les émaux qui forment la bordure principale, et l'ivoire même du centre, sont ainsi préservés de tout contact destructeur. Il est difficile, au seul examen de la gravure, de se faire une idée réelle de la richesse et de l'éclat de cette œuvre d'orfévrerie, où le ton mat de l'ivoire est opposé aux tons fauves de l'or, tempérés à leur tour par l'éclat des cabochons et la vigueur surprenante des émaux.

这件由金匠打造的书籍封面，中心主题是钉在十字架上的基督，由象牙雕刻而成。周围一圈是镀金的呈斜面的边缘，分隔开来，每一部分都有相同的玫瑰。四个角上都装饰着山岩水晶豆，支撑着整本书，就像四只脚一样。通过这种方式，抛光了的未雕琢的宝石、金银丝饰品、主要镶边的搪瓷甚至是中间的象牙部分彼此并没有紧密相连。象牙的暗色调和金子的黄色相互映衬，但是在宝石的光辉以及搪瓷活力的映衬下，它们又黯然失色，因此很难完全了解这件稀有艺术品的丰富多彩和奢华夺目。

The central subject of this binding by the goldsmith's hand, in which we see Christ on the cross, is carved into an ivory plate. The encircling border is of drifted gold with a bevelled outline and ornated with compartments wherein the same rose is invariably reproduced. The angles are occupied by four very large mountainrock crystal beans on which, as on four feet, the book is supported: by this means the polished uncut stones, the filigrees, the enamels of the main border and even the ivory of the centre are kept off every rough contact. By a single survey of our engraving, it is impossible to get a proper idea of the richness and splendour of this rare piece of the silversmith's art, wherein the dead hue of the ivory is opposed to the gold's yellow tints which, in their turn, are put in the shade by the brilliancy of the stones and the wonderful vigour of the enamels.

XVIIIᵉ SIÈCLE. — ÉCOLE FRANÇAISE.
(COLLECTION DE LORD HERTFORD)

TRÉPIED OU BRULE-PARFUM EN BRONZE DORÉ
ET JASPE FLEURI,
CISELÉ PAR GOUTHIÈRE.

1549

Cette œuvre, d'un maître habile et célèbre du xviiiᵉ siècle, fut exécutée pour l'un des plus illustres amateurs de cette époque, pour le duc d'Aumont. L'objet est admirable de composition et d'exécution, et, chose précieuse à constater, il n'est, pour ainsi dire, point sorti de la famille des gens de goût. Après avoir été au prince de Beauveau, il appartient aujourd'hui au marquis d'Hertford.

Ce brûle-parfum, ciselé par Gouthière, est une des belles œuvres de la galerie du célèbre collectionneur. (Hauteur 53 centimètres.)

这件作品出自 18 世纪技艺娴熟的著名大师之手，由那一时期最优秀的艺术爱好者之一奥蒙（Aumont）公爵制作而成。不论是结构还是做工上，这件艺术品都令人叹服。值得注意的是这件作品一直以来从未离开过鉴赏家，即之前属于博沃（Beauveau）亲王，现在属于赫特福德（Hertford）侯爵。

这件香炉由著名收藏家古蒂埃尔（Gouthiere）收藏，现在是其陈列室的珍贵艺术品之一。

This work, by a skilful and celebrated master of the xviiith. century, was executed for one of the most illustrious amateurs of that epoch, we mean the Duke of Aumont. The article is admirable for both its composition and execution, and, a thing to be well noted, it is not gone, so to say, out of the family of the connaisseurs ; as, after belonging to the prince de Beauveau, it now belongs to the marquis of Hertford.

This perfume burner, chased by Gouthière, is one of the finest works in the gallery of the noble and well known collector. (Height, 53 centimetres.)

XIIᵉ SIÈCLE. — ÉCOLE DE LIMOGES.
(COLLECTION DE M. GERMEAU.)

CROIX STATIONALE EN CUIVRE,
AVEC ÉMAUX CHAMPLEVÉS.

REVERS DE LA CROIX.

Nous annoncions dernièrement le revers d'une croix émaillée, dont nous montrions en même temps la face. Ce côté de l'objet n'est guère moins intéressant que l'autre, et mérite également les honneurs de la gravure et de la publicité.

Le médaillon circulaire, placé à la rencontre des branches, montre, non plus cette fois un Christ en croix, mais un Christ assis et bénissant, dont la tête est ornée du nimbe crucifère. Dans ce médaillon central, le Christ est montré jeune et imberbe; il se dessine par des traits gravés, et se détache sur un fond émaillé, semé d'ornements en forme de rinceaux. Ces ornements sont réservés sur un fond bleu.

Aux quatre extrémités de la croix, nous voyons ici, à la

quablement traitées, l'ange surtout, dont le dessin est parfait et la tournure on ne peut plus naturelle. Ces sujets sont obtenus, comme le Christ du centre, par des traits gravés et, comme lui, se détachent sur un fond bleu, semé d'ornements réservés d'une extrême élégance.

Entre chacun de ces sujets émaillés et si richement ornés, nous remarquons cinq médaillons, contenant chacun des roses à huit pétales dont l'émail est bleu. De tout petits fleurons, repoussés dans le métal, accompagnent ces cinq médaillons à émaux, tandis qu'une rangée de perles ou clous simulés dessine la croix, en lui servant de bordure. Cette bordure cesse aux plaques émaillées des extrémités.

place des saints personnages de la face principale, les quatre symboles des évangélistes, c'est-à-dire l'ange, l'aigle, le lion et le taureau. L'ange est à la base, et l'aigle au sommet, comme cela devait être ; ces deux dernières figures symboliques sont remar-

Nous devons à l'obligeance bien connue de M. Germeau de pouvoir publier dans l'*Art pour tous* cette œuvre précieuse de la fin du XIIᵉ siècle, une des plus belles, des plus intéressantes, à notre avis, de son admirable collection.

We lately announced, as being to be shortly published, the back part of an enamelled cross, the face of which we were publishing. This portion of the object is but little less interesting than the other, and deserves as well the honours of engraving and publicity.

The round medallion, placed at the meeting of the branches, shows no more a Christ on the cross, but a seated and blessing Christ whose head is encircled by the cruciferous nimbus. In that central medallion, Christ is represented as young and beardless, with engraved outlines, and detaches himself on an enamelled ground sown with ornaments in the form of foliages, a reserve of the metal, on a blue ground.

At the four ends of the cross, we see here, instead of the four holy personages, the four symbols of the Evangelists, viz., the Angel, the Eagle, the Lion and the Bull. The Angel is at the bottom and the Eagle at the top, as they ought to be.

Those two latter figures, specially the former, whose drawing is perfect and figure most natural, are both remarkably treated.

The subjects are obtained, as the Christ of the centre, by engraved lines, and detach themselves likewise on a blue ground studded with reserved ornaments of rare elegance.

Between those enamelled and splendidly ornated subjects we are to mark five medallions each containing a rose with eight petals in blue enamel. Very small florets, drifted from the metal, accompany the five enamelled medallions, and a row of pearls, or rather of nails, outlines the cross to which it serves for a border : this border ending at the enamelled plates of the extremities.

The well known obligingness of Mr. Germeau has enabled us to publish in the *Art pour tous* that precious work of the end of the XIIth. century, one of the finest and, in our opinion, the most interesting of his admirable collection.

之前我们为大家介绍了搪瓷十字架的一面，今天我们介绍它的另一面。虽然这一面上的内容不如之前的那么有趣，但是仍然值得我们品鉴。

中间的圆形饰章位于十字架的交汇处，圆形的中间展示的是正在祈祷的坐着的基督，头上环绕着十字花光环。这位年轻的基督形象没有胡子，轮廓经过了雕刻，搪瓷的蓝色背景中有叶子形状的装饰物。

十字架的四个端点处不再是圣徒形象，而是四个象征"布道者"的形象，即天使、老鹰、狮子和公牛。天使在下面，老鹰在上面。

剩下的两个形象，尤其是狮子的形象堪称完美，而且十分自然，可以看出作者在创作时非常用心。

十字架中的内容包括基督在内都是雕刻而成的，背景都是蓝色的，上面的装饰物极其精致。

除了这些精致的装饰物以外，我们还应注意五个圆形饰章，每个中都包含一朵八瓣的玫瑰花，背景是蓝色的搪瓷。在这些圆形饰章的周围有很多小花以及珍珠而不是钉子，它们构成了十字架的边缘，直到尽头的搪瓷牌子才结束。

感谢热尔姆（Germeau）先生的慷慨大方，我们才能在此书中为大家展示这件 12 世纪末的艺术品，而且我们认为这件作品可以算是热尔姆先生最引人瞩目的藏品了。

6ᵐᵉ Année.

Nº 164

15 Octobre 1866.

L'ART POUR TOUS

ENCYCLOPÉDIE DE L'ART INDUSTRIEL ET DÉCORATIF

Paraissant les 15 et 30 de chaque mois.

PUBLIÉ SOUS LA DIRECTION DE M. C. SAUVAGEOT | FONDÉ PAR M. ÉMILE REIBER, ARCHITECTE

ABONNEMENT ANNUEL
France . . . . . 18 fr.
Étranger . . . . 20 fr.
L'Année parue. 25 fr.

A. MOREL
ÉDITEUR
13, rue Bonaparte
Paris.

XVIᵉ SIÈCLE. — CÉRAMIQUE ITALIENNE.

(COLLECTION DU PRINCE LADISLAS CZARTORYSKI.)

VASE A DEUX ANSES EN FAIENCE ÉMAILLÉE,

FABRIQUE DE CASTEL DURANTE.

1521

Non-seulement ce vase est d'une forme agréable et vraiment décorative, mais les ornements et les figures qu'il montre sur la panse et sur le col sont du meilleur goût et d'un éclat très-harmonieux.

Nous devons à l'obligeance du prince Ladislas Czartoryski de le pouvoir montrer à nos lecteurs.

这件花瓶不仅形状雅致，其瓶颈和瓶身上的搪瓷装饰物和形象，格调优雅且颜色非常协调。非常感谢瓦迪斯瓦夫·恰尔托雷斯基（Wladyslaw Czartoryski）亲王的慷慨大度，使我们能将这件艺术品展示给读者。

This vase has not only a nice and truly decorative shape, but the ornaments and figures with which it is embellished on the neck and belly, are of the best style and of a very harmonious colouring. We are indebted to prince Ladislas Czartoryski for our being enabled to show it to the reader.

XVIIᵉ SIÈCLE. — FONDERIES FRANÇAISES.
(LOUIS XIV.)

BUSTE EN BRONZE PAR COYSEVOX.
(COLLECTION DE M. TAINTURIER.)

1522

Ce buste en bronze, fondu à cire perdue, n'a que 22 centimètres de hauteur ; malgré ses proportions restreintes, il peut passer cependant pour un petit chef-d'œuvre d'art et de métier. Le dessin en est ferme, attentif, magistral ; c'est une œuvre soignée et réussie à tous regards et d'un goût bien français. Plusieurs critiques, à tort, l'ont attribué à Coustou ; c'est à Coysevox qu'il faut en faire honneur.

Nous ignorons si le socle, en marbre de diverses couleurs, est de l'époque ; toujours est-il qu'il sert assez heureusement de support à ce petit chef-d'œuvre de bronze, que, grâce à l'obligeance de M. Tainturier, nous pouvons montrer à nos lecteurs.

这件半身铜像由蜡铸成，高22厘米，由于尺寸的限制，就艺术和技艺来说，它只能成为一件小的艺术品。其制图充满活力、简洁沉稳、技艺高超；你能发现该作品处处体现出谨慎的态度，像是法国作品的风格。有些评论家错误的认为这件作品属于雕塑家库斯图（Coustou），其实该作品属于柯塞沃克（Coysevox）。

我们不知道这座多彩的大理石基石是否属于同一时期；不过这个底座非常精致优雅，感谢坦蒂里耶（Tainturier）的慷慨大度，我们才能把这件作品呈现给读者。

This bronze bust, cast into wax, is but 22 centimetres in height ; yet with its narrow dimensions, it is to be accepted as a little jewel, in point of art and workmanship. Its drawing is effectively vigorous, steady and masterly ; it is a carefully and, in every respect, a happily worked out piece, as well as a work of really French style. Several critics have wrongly attributed it to Coustou ; it is to Coysevox that this honour is due.

We do not know whether the socle, in diversely coloured marble, is of the same epoch ; all that we can say is that it looks as a nice pedestal to this little beauty which, thanks to Mr. Tainturier's kindness, we can present to our subscribers.

这件作品精细雅致，表盘由玳瑁制成，部分上了搪瓷，除此之外全都是鎏金的。在工艺品的顶部我们可以看到制作者的名字。

THURET

1523

L'exécution de cet objet est très-soignée. Il est en entier en cuivre doré, à l'exception du fond sur lequel pose le cadran, qui est en application d'écaille. Le cadran est en partie émaillé. Le nom du fabricant se lit au sommet du meuble.

The execution of this object was carefully attended to. It is entirely copper gilt, with the exception of the ground upon which the dial is put, which is in charged tortoise-shell. This dial is partly enamelled. The maker's name may be seen at the top of the object.

XIIIᵉ SIÈCLE. — ORFÉVRERIE FRANÇAISE.
(ÉCOLE DE LIMOGES.)

CROSSE EN CUIVRE ÉMAILLÉ.
(COLLECTION DE M. BASILEWSKI.)

Fig. 2.

Fig. 3.

Fig. 1.

In fig. 1, we have represented the whole of this fine enamelled crosier from the beginning of the xiiith., or even perhaps, from the end of the xiith. century. The article, since it was completed by its skilful creator, has doubtless been passing from hand to hand. It is that very thing which gives us an explanation of a certain deflection from the general axis, which we purposely preserved in our engraving. In fact, the crosier properly said is no more in keeping with the upper portion of the staff; the knot which is to unite both, is, too, out of the perpendicular. In spite of all that, this precious sample of the Limosin goldsmith and enameller's art, has lost nothing of its merit, and, particularly, its enamels have kept entire their brilliancy.

The volute is springing out of a winged angel's figure, half length, and placed on the elliptic knot ornated with other angels whose heads are in relief. Those very angels, on a ground of blue enamel, are separated by similarly enamelled roses. At its origin, the volute is covered with a running ornament out of the metal; but, from fig. A, the ornamentation is only in engraving. The flower which terminates this twisting has received, too, enamelled ornaments, and is, in our mind's eye, distinguished by a most pithy execution.

Fig. 2 shows the face of the crowned angel who comes after the knot, and fig. 3 indicates in its development one of the dragons represented on the staff. We cannot say it too much: all this work has a fine character and deserves being given as an example for its careful and happy execution. We are not alone, let us assert it, to so highly appreciate that crosier, which is a part of Mr. Basilewski's collection. (Size of the original.)

图 1 是一件精致的搪瓷权杖，可以追溯到 13 世纪初或 12 世纪末。这件作品因其精湛的技艺，无疑被流传了下来。这就解释了为什么在中轴线上有一定角度的偏斜，我们特意在雕版画中保留了这个特点。准确的说，这个权杖在中轴线的上下部分并不是保持一致的，将它们连结在一起的结点部分也是偏斜的。尽管如此，这件珍贵的利穆赞金匠搪瓷艺术仍保留众多优点，尤其是搪瓷整体上还保留着光辉。

漩涡花饰从一个带翼的半身像天使的身影中冒出，天使安置在椭圆形结上，结部装饰着其他的天使，其头部是凸起的浮雕。这些天使在蓝色的搪瓷上，由相似的搪瓷玫瑰分隔开来。在漩涡花饰的中心处，有一个带有花纹的金属装饰物覆盖着它；但是图 A 中，这些装饰只存在于版画中。在漩涡花饰端饰的鲜花处也有搪瓷装饰物，而且我们认为，它的做工更为复杂。

图 2 展示的是结部上头戴皇冠的天使正面。图 3 展示的是权杖上的龙。我们在此不能进行过多的介绍；这件作品细腻精致，其精细严谨的做工堪称典范。我们肯定不是唯一一介绍这根权杖的人，这件作品是贝西莱夫斯基（Basilewski）先生的藏品之一。（原始尺寸）

Nous avons représenté, fig. 1, l'ensemble de cette belle crosse émaillée du commencement du xiiiᵉ siècle et peut-être même de la fin du xiiᵉ. L'objet, depuis qu'il est sorti des mains de l'habile artiste, son auteur, a dû passer souvent de main en main. C'est ce qui explique l'espèce de déviation qui existe dans son axe général, déviation que nous avons cru devoir respecter dans notre gravure. En effet, la crosse proprement dite ou volute ne s'emmanche plus avec la partie supérieure de la hampe; le nœud qui sert de lien a perdu aussi son aplomb. Malgré cela, ce précieux exemple d'orfévrerie et d'émaillerie limousine n'a rien perdu de son mérite, et les émaux en particulier ont conservé tout leur éclat.

La volute naît d'une figure d'ange ailé à mi-corps, et posé sur le nœud elliptique orné de figures d'anges dont les têtes sont en relief. Ces anges, disposés sur une fond d'émail bleu, sont reliés entre eux par des rosaces émaillées aussi. La volute est revêtue à son début d'un ornement courant réservé sur l'émail, mais, à partir du point A, l'ornement est gravé seulement. Le fleuron qui termine cet enroulement a reçu aussi des ornements en émaux, et se distingue, à notre avis, par une exécution des plus énergiques.

La fig. 2 montre la face de l'ange couronné qui succède au nœud, et la fig. 3 indique, dans son développement, un des dragons qui se dessinent sur la douille. Cette œuvre entière, nous ne saurions trop le dire, est d'un beau caractère, et mérite d'être citée pour son exécution soignée et réussie. Nous ne sommes pas seul, du reste, à apprécier ainsi avec éloges cette crosse, qui fait partie de la collection de M. Basilewski. (Grandeur de l'original.)

6ᵐ Année.

Nº 165

30 Octobre 1866.

ABONNEMENT ANNUEL
France . . . . . 18 fr.
Étranger . . . . 20 fr.
L'Année parue. 25 fr.

L'ART POUR TOUS

ENCYCLOPÉDIE DE L'ART INDUSTRIEL ET DÉCORATIF

Paraissant les 15 et 30 de chaque mois.

PUBLIÉ SOUS LA DIRECTION DE M. C. SAUVAGEOT | FONDÉ PAR M. EMILE REIBER, ARCHITECTE

A. MOREL
ÉDITEUR
13, rue Bonaparte
Paris.

XVIᵉ SIÈCLE. — CÉRAMIQUE FRANÇAISE.

(HENRI II.)

(COLLECTION DE M. D'YVON.)

ACCESSOIRES DE TABLE. — SALIÈRE.

(FABRIQUE D'OIRON.)

H. SAUVESTRE.

4525

Cette salière, que nous montrons, à cause de la finesse des ornements dont elle est couverte, à une échelle un peu plus grande que l'exécution, est un des plus beaux objets fabriqués à Oiron et de la plus belle époque. Elle est de forme triangulaire et flanquée aux angles de contre-forts où s'ajustent des cariatides à gaines. Les pieds sont faits de masques grotesques et les angles supérieurs accusés par une tête de bélier. Dans l'intérieur de la coupe on voit trois croissants entrelacés.

Les arabesques et entrelacs dont cette salière est littéralement couverte sont de couleurs variées : jaune, noir, rouge et blanc. Le monogramme du Christ est blanc sur fond noir avec rayons jaunes.

这个盐瓶比原作要大一些，因为上面覆盖着很多装饰物。是瓦龙生产的最优美的作品之一。每个角的支墩构成了三角形的形状，塑像以此进行了调整以契合这样的结构。底部的瓶脚是怪诞的面具，上面角的位置是山羊的脑袋。瓶子内部可以看到三个纠缠在一起的新月。

盐瓶上布满了阿拉伯式花饰和缠绕的线条，颜色各异：黄色、黑色、红色和白色。基督符号是白色的，底色是黑色的，散发出黄色的光。

We show this salt-cellar, on a scale a little larger than the original, because of the ornaments with which it is covered. It is one of the most beautiful articles of the Oiron manufacture and of the best epoch. It is triangularly shaped with buttresses at the angles whereto cariatids adjust themselves. The feet are made with grotesque masks and the upper angles with goat's heads. In the interior of the box are seen three intertwisted crescents.

The arabesques and twines with which this salt-cellar is literally covered are of variegated colours : yellow, black, red and white. The Christ's monogram is white on a black ground with yellow rays.

XVIe SIÈCLE. — FABRIQUE FRANÇAISE.

ACCESSOIRES D'ARMES A FEU
ET ARMES OFFENSIVES.

COLLECTIONS DE L'EMPEREUR NAPOLÉON III
ET DU MUSÉE DU LOUVRE.)

1527

1526

1528

L'objet qui occupe le centre de cette page (fig. 1526) est une poire à poudre de la fin du xvie siècle, dont la garniture est en cuivre ciselé de la plus grande finesse. Le bas-relief sculpté en ivoire représente une mêlée de cavaliers. Cette pièce porte son amorçoir.

Les deux autres objets (fig. 1527 et 1528) sont une trousse avec couteau et poignard. La trousse et le fourreau sont en ivoire. Le grand couteau a la poignée ornée d'une Vénus coiffée à la mode du temps (Henri III). Le petit poignard offre au manche une tête de fou.

中间这幅作品图 1526 是一个火药瓶，可追溯到 16 世纪，上面是精细的铜制雕花。象牙雕刻的浮雕呈现出一群混乱的骑手。

其他两件作品（图 1527~1528）是一把短剑和匕首。刀剑和护套是象牙制品。稍微大一点的这把刀柄装饰着维纳斯（Venus），她的头饰属于亨利三世时期。较小一点的这把刀柄上是弄臣的脑袋。

The object which occupies the centre of this page (fig. 1526) is a powder-flask from the end of the xvith. century, the setting of which is in chased copper and as fine as possible. The bass-relief of carved ivory represents a *melee* of horsemen. To this piece its priming is affixed.

The two other objects (fig. 1527-28) are a case with knife and dagger. The case and sheath are in ivory. The large knife has its hilt ornamented with a Venus whose head-gear is of Henri the Third's epoch. The handle of the small dagger shows a fool's head.

XVIᵉ SIÈCLE. — ÉCOLE FRANÇAISE.
(COLLECTION DE M. MONBRISON.)

CADRE OU MIROIR EN FER REPOUSSÉ
A MOITIÉ DE L'EXÉCUTION.

4529

La partie inférieure de ce cadre, si heureusement composé et d'une exécution si parfaite, contient dans une plaque rectangulaire quatre vers d'un sonnet de Ronsard, composé de 1560 à 1573. La partie supérieure montre au centre d'un fronton, inscrit lui-même dans le fronton principal, la légende d'Actéon changé en cerf. Le sommet du cadre est surmonté des armes de Lorraine. Le masque qui se voit au-dessus de la glace à biseau est en argent ainsi que divers ornements ; quelques parties ont aussi conservé des traces de dorure. Tout cela est d'une exécution vraiment merveilleuse qui fait de cet objet une des choses les plus précieuses qu'on ait en ce genre.

这件作品构图和做工都堪称完美，下面这部分框架包含一个矩形板子，上面写了四行龙萨（Ronsard）在1560~1573年间创作的《十四行诗》。这件作品的上半部分展示的是（祭坛前面的）帷子，它本身就是正面的主要内容，即亚克托安（Actaeon）变成雄鹿的历史；顶部是王室洛林（Lorraine）纹章。打磨过的玻璃板上的面具和各种各样的装饰物一样都是银制的；不过出现了少许镀金的痕迹。整件作品的做工出类拔萃，使其成为该类艺术品中最珍贵的作品之一。

The lower portion of this frame, whose composition is so happy and execution so perfect, contains in a rectangular plate four lines of a sonnet by Ronsard, composed from 1560 to 1573. The upper part shows in the centre of a frontal, which is itself comprised into the chief frontal, the history of Actæon metamorphosed into a hart. The top of the frame is crowned with the Lorraine coat of arms. The mask above the basilled plate-glass is of silver, as well as various ornaments ; but some spots have kept marks of gilding. The whole has a really marvellous execution which renders this object one of the most precious things of that kind.

RAPES A TABAC EN IVOIRE

AUX DEUX TIERS D'EXÉCUTION.

XVIIᵉ SIÈCLE. — FABRIQUE FRANÇAISE.

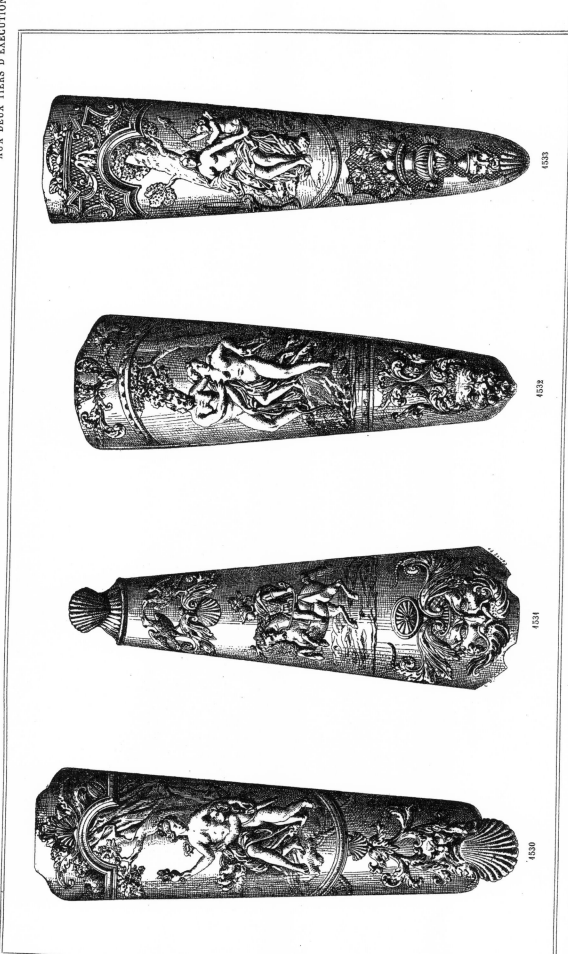

4533

4532

4531

4530

Les râpes à tabac, qui, au xviiᵉ siècle, ont servi souvent de motifs à de jolies décorations sculptées, ne sont plus d'aucun usage aujourd'hui. Aussi est-ce à titre de rareté archéologique que nous publions le revers des quatre objets ci-contre.

La fig. 1530 montre au centre d'un médaillon Vénus tenant un cœur enflammé et caressant l'Amour. Cette râpe appartient à M. Louvrier de Lajolais. La partie centrale de la fig. 1531 est occupée par un cavalier au galop; masque étrange à la base, oiseaux se becquetant au sommet (à M. Léon Gaucherel). La fig. 1532 montre une Diane chasseresse, et la fig. 1533, Ariane abandonnée. Ce dernier objet appartient à M. Leroy-Ladurie.

Ces objets sculptés sont tous gravés aux deux tiers d'exécution.

烟草磨碎器在 17 世纪的时候还在经常使用，上面雕刻的装饰物很是好看，但现在人们已经不怎么使用且，也不再流行了。所以我们在这里刊登的四件物品的背面是将它们当作建筑珍贵品来示给大家。图 1530 展示给我们的是圆形图形中心，维纳斯（Venus）托着一颗燃烧的心脏，抚摸着丘比特（Cupido）。这把锉刀属于卢夫夫里耶·拉乔莱斯（Louvrier de Lajolais）先生。图 1531 的中心部分是乔奔的骑手，底部是一个奇怪的面具，上面对着嘴的鸟。［属于里昂·高歇尔（Leon Gaucherel）先生］图 1532 是狩猎女神黛安娜（Diana），图 1533 是无人理会的阿里阿德涅（Ariadne）。最后的这件艺术品属于勒鲁瓦·拉迪里（Leroy-Ladurie）。

这些雕刻的作品是一整套艺术品，原作是复刻版的三分之二。

Tobacco graters, which gave frequent occasion, in the xviith. century, for pretty carved decorations, are out of use and fashion nowadays. So, it is only as architectural rarities that we publish the backs of these here four articles. Fig. 1530 shows, in the centre of a medallion, Venus holding a burning heart and caressing Cupido. This rasp belongs to Mr. Louvrier de Lajolais. The central part of fig. 1531 is occupied by a galloping horseman, with a strange mask at the base, and billing birds at the top. (Belongs to Mr. Léon Gaucherel.) In fig. 1532, Diana the huntress is shown, and fig. 1533, a forsaken Ariadne. Of the last article Mr. Leroy-Ladurie is the owner.

Those carved objects are one and all engraved at two thirds of the execution.

N° 166

6me Année.

15 Novembre 1866.

L'ART POUR TOUS

ENCYCLOPÉDIE DE L'ART INDUSTRIEL ET DÉCORATIF

Paraissant les 15 et 30 de chaque mois.

PUBLIÉ SOUS LA DIRECTION DE M. C. SAUVAGEOT | FONDÉ PAR M. EMILE REIBER, ARCHITECTE

ABONNEMENT ANNUEL
France. . . . . 18 fr.
Étranger. . . . 20 fr.
L'Année parue. 25 fr.

A. MOREL
ÉDITEUR
13, rue Bonaparte
Paris.

XVI⁰ SIÈCLE. — FABRIQUE VÉNITIENNE.

ARMES DÉFENSIVES. — CASQUE.

(COLLECTION DE L'EMPEREUR NAPOLÉON III.)

1534

这件作品具有威尼斯式的特点，是拿破仑三世众多武器藏品中的一件。外形和 15 世纪的意大利轻盔一样，上面的纹饰展现的是从堡垒中探出来的威尼斯狮子，叶子装饰物是鎏金的。所有的装饰物的背景是红色的天鹅绒。在天鹅绒和装饰物的下面，是抛光的铁质外壳。

我们可以肯定这件头盔可以追溯到 16 世纪，考虑到这一时期意大利艺术之前的状态，有人可能会将其归为 15 世纪末的作品。这件精致的作品气势恢宏，我们无法再制造出像这样的艺术品，不过众多雕刻家和画家仍可以从这件作品中学到很多。彩色布料上的镀金装物是这件艺术品的最大优点，为其增添了多样性。

This fine show, or state-helmet has a Venetian origin and is a part of the fine collection of arms of emperor Napoleon III. Its general shape is that of the Italian sallets in the xvth. century. The crest, showing the Venice lion springing out of a fortress, and the ornaments in the form of foliages, are in gilt bronze, from a full cast. The whole ornamentation, of a very decorative effect, is put upon a ground of red velvet. Under the velvet and ornaments stands a shell of polished steel.

Not without hesitation do we give to this casque the date of the xvith. century; on might perhaps bring it back up the end of the xvth., considering, the forward state of the Italian art at this epoch. Be it as it may, it is a fine work and of a grand style, which it is impossible to produce again, that is true, but which may still become a teaching to many a sculptor and historical painter. To the gilt ornaments cut out on a coloured cloth more value is given from this calculated opposition, and they moreover contribute to give the richness and eclat which are the chief merl of the object.

Ce casque de parement ou de cérémonie est d'origine vénitienne et fait partie de la belle collection d'armes de l'empereur Napoléon III. Il a la forme générale des salades italiennes du xve siècle. Le cimier, présentant un lion de Venise sortant d'une forteresse, et les ornements en forme de rinceaux, sont, en bronze doré, fondus en plein. Toute cette ornementation, d'un grand effet décoratif, est appliquée sur un fond de velours rouge. Sous le velours et les ornements existe une salade en acier poli.

Nous datons ce casque du xvie siècle, avec une certaine hésitation : vu l'état d'avancement de l'art italien à cette époque, on pourrait peut-être le faire remonter à la fin du xve. Quoi qu'il en soit, c'est là une belle œuvre et d'un grand caractère, qu'il devient impossible de reproduire, il est vrai, mais qui sera susceptible de renseigner plus d'un sculpteur, plus d'un peintre d'histoire. Les ornements dorés qui se découpent sur une étoffe colorée prennent de la valeur par cette opposition calculée et contribuent surtout à donner à l'objet la richesse et l'éclat qui en sont le mérite principal.

XVIe SIÈCLE. — ÉCOLE FRANÇAISE.
(COLLECTION DE M. A. FIRMIN DIDOT.)

COUVERTURE DE LIVRE.
(LES HEURES DE GEOFFROY TORY.)

Geffrey Tory lived in Francis the First's reign : he was both printer and book-binder, like most of his fellow workers of the XVIth. century. The two industries were then and there bound into one ; and it is only in 1689 that the corporation of the book-binders severed itself from that of the book-printers, and obtained its own marks and signs.

The sign of Geffrey Tory's shop was a largely notched vase, otherwise a « broken pot. » This broken pot, which became, so to say, the escutcheon of the celebrated printer and book-binder, is to be found on more than one of his works, and is particularly seen on the binding which we give to-day in the middle of airy and graceful ornaments running along the flats of the volume.

Some think that in the decorative principle, here applied, they can recognize a disguised imitation of the Italian style put in fashion by the controller general Jean Grolier. The ornamentation is gilt and stamped into the sheep's skin. At the back of the book three circles or medallions are to be seen, which alternately contain the F and Salamander of king Francis. Each page of that precious book shows a border of draught arabesques of great fineness and remarkable drawing. A few wood engraved vignettes are also inserted here and there in the volume, most of them masterly works.

Geoffroy Tory vivait sous François Ier : il était en même temps imprimeur et relieur, comme la plupart de ses confrères du xvie siècle. Alors les deux industries n'en faisaient qu'une, et c'est seulement en 1689 que la corporation des relieurs se sépara de celle des imprimeurs et obtint des statuts particuliers.

L'enseigne de la boutique de Geoffroy Tory était un vase largement ébréché, autrement dit « Pot cassé ». Ce pot cassé, devenu en quelque sorte les armoiries du célèbre relieur-imprimeur, se trouve sur plus d'une de ses œuvres, et il se voit notamment sur la reliure que nous présentons aujourd'hui au milieu des légers et gracieux ornements qui cou-

Pratt
1535

rent dans les plats du volume.

Dans le principe décoratif appliqué ici, on croit reconnaître une imitation déguisée du style italien mis à la mode vers cette époque par le receveur général des finances Jean Grolier. L'ornementation est dorée et frappée dans la basane. Au dos du livre on voit six cercles ou médaillons contenir alternativement l'F et la salamandre de François Ier. Chacune des pages de ce précieux livre montre une bordure d'arabesques au trait d'une grande finesse et d'un dessin remarquable. Quelques vignettes sur bois sont aussi insérées çà et là dans le volume. Presque toutes sont des chefs-d'œuvre.

杰弗·瑞托利（Geffrey Tory）生于弗朗索瓦一世统治时期，他不仅是一个印刷工人，也是一个图书装订工人。之后这两个产业合并了，在1689年时，图书装订公司从图书印刷中分割出来，并拥有了自己的符号和标记。

杰弗·瑞托利工厂的标记是一个有巨大豁口的花瓶，也可以叫做破花盆。这个标记成为这位著名图书装订、印刷工的符号，在他的众多作品中都出现过，尤其是今天我们要给大家展示的图书封皮，上面满是精致随意的装饰物。

有些人认为通过此处运用的装饰原则，能识别出这是伪装对意大利风格的模仿，由让·格罗里埃（Jean Grolier）实施。镀金的装饰物印在羊皮上。在书的背面我们能看到三个圆圈或三个圆形饰物，交替出现弗朗索瓦国王的F和蝾螈图案。这本书的每一页边饰都有精美非凡的蔓藤花饰。书中零星分布着少许木质版画装饰图案，大部分都是大师手笔。

XVIᵉ SIÈCLE. — FABRIQUE FRANÇAISE.   **STALLE EN BOIS SCULPTÉ.**

(FRANÇOIS 1ᵉʳ.)   (COLLECTION RÉCAPPÉ.)

当我们观察这件精致珍贵的作品时会发现这不仅仅是雕刻师完成的作品。如果我们考虑到其线条的巧妙组合、结实稳固安排合理的线脚就会发现这件作品一定有建筑师参与其中。事实上，这件作品确实有建筑物的特点，它确实为我们开拓了思路和视野。

这件作品的下半部分也就是底座的位置没有进行什么装饰，因而没有突出的线脚和任何雕刻图案。这个底座有两方面用途，其中一个用途是用钥匙锁上的保险柜。在我们的版画中可以看到有两条铰链发挥了盖子的作用。

扶手的形状相同。角落里壁柱上的柱头非常精致，背面的中间部分分布满了那个时期装饰风格的蔓藤花纹。底部的叶子围绕着孩童，中间部分是其他孩童举着饰章。这件艺术品的上半部分，也就是顶部（我们更喜欢称之为阁楼）装饰有两只半浮雕的海豚。整体被做工精细的飞檐包围着。

经过时间的洗礼和冲刷，胡桃木的颜色更加柔和和协调。

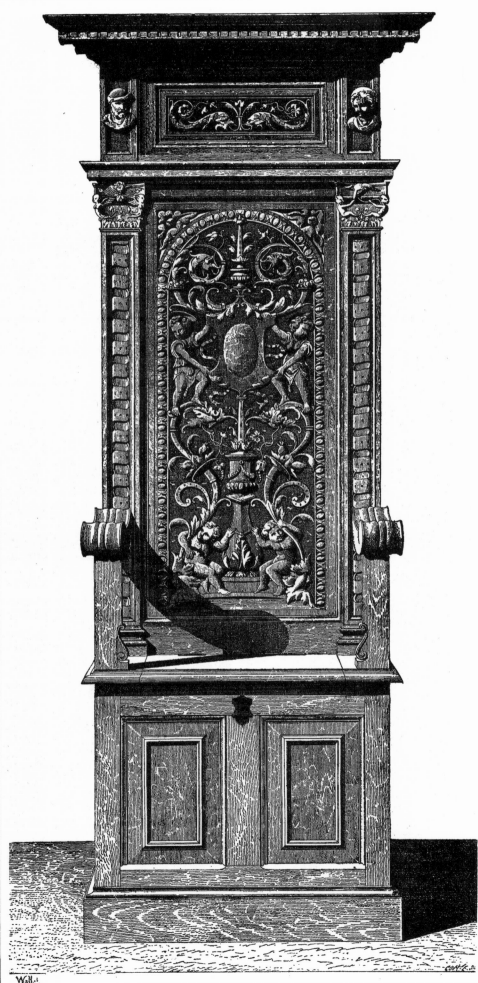

It comes directly to one's mind, when looking at this fine and precious stall, that it is not solely the work of a sculptor. If we consider the happy ordering of the lines, the firmness as well as the good disposition of the mouldings, we guess it had the collaboration of an architect. In fact, this piece has quite an architectural character, and we do confess it is rather for this quality that we did open it this review of ours.

The lower part of the object, viz., the seat, is with reason very plainly treated, with little projecting mouldings and without a bit of carving. Let us add this seat has a two-fold use, and contains a coffer shutting with a key. In our engraving are seen the two hinges which give play to the lid.

The arms are consol shaped. The angles of the stall are occupied by pilasters crowned with elegant capitals, whilst the middle of the back is covered with nice arabesques in the style of the epoch. Children are seen among the foliages, towards the base, and at the centre, other children holding a coat-of-arms. The upper portion of the object, the crowning (willingly should we say the attic of the little monument) is enriched with two busts of high, and two dolphins of semirelief. The whole is surmounted by a prominent cornice.

As to the colour of the walnut wood from the brush of Time it has become most harmonious.

※

Beim Betrachten dieses schönen Beichtstuhles fühlt man sich unwillkürlich zu der Idee hingezogen, daß derselbe nicht allein das Werk eines Bildhauers ist, und besonders die richtige Gruppirung der Linien, die Energie, die Feinheit und die richtige Disposition der Schnitzereien, lassen auf die Beihülfe eines Architekten schließen. In Wirklichkeit hat dieses Stück auch einen streng ausgesprochenen architektonischen Charakter, und hauptsächlich in Berücksichtigung dieser Eigenschaft haben wir dasselbe in unsere Sammlung aufgenommen.

Der untere Theil des Beichtstuhles, d. h. der Sitz, ist mit Recht einfach gehalten: wenig hervorspringende Leisten und gänzlicher Mangel an Schnitzwerk. Der Zweck ist auch ein doppelter, da durch einen verschließbaren Deckel das Ganze in eine Art Kasten umgewandelt werden kann. Man sieht

auch auf unserer Zeichnung die beiden Scharniere, die das Oeffnen der Klappe anzeigen.

Die Arme sind in Form von Consolen; die Säulen enden oben in elegante Kapitäle und stützen die beiden Ecken des Beichtstuhles, während in der Mitte die Rücklehne mit zierlichen Arabesken, im Geschmacke der Zeit, bedeckt ist. Am unteren Ende sitzen in reichen laubartigen Verzierungen zwei kindliche Gestalten; andere Kinder halten in der Mitte ein Wappenschild. Der obere Theil (wir könnten sagen die Attike dieses kleinen Monuments), d. h. der obere Aufsatz, ist durch zwei erhabene Büsten und zwei Delphine in Bas-Relief geschmückt. Ein starkes Obergesims überragt das Ganze.

Was die Farbe des Nußholzes betrifft, so ist dieselbe durch den Einfluß der Zeit eine vollständig gleichmäßige geworden.

XIIᵉ SIÈCLE. — SCULPTURE FRANÇAISE.
(MONUMENTS FUNÉRAIRES.)

TOMBE DE PIERRE LE VÉNÉRABLE
AU DIXIÈME D'EXÉCUTION.

Quelle était la forme de la tombe entière de Pierre le Vénérable, dont nous montrons un fragment sur cette feuille ? C'est ce qu'il nous est vraiment difficile de dire. Nous n'avons pas vu l'original de ce fragment, et c'est d'après un moulage déposé au musée de Châlons-sur-Saône que nous avons fait faire notre dessin. Il ne nous appartient donc guère de parler du monument entier et de disserter sur sa structure probable. Le fragment ci-contre nous a frappé par sa sévère beauté, et nous avons cru qu'il pourrait devenir une page intéressante de l'*Art pour tous*. Nous ne croyons pas nous être trompé.

Cette riche pierre sculptée a la forme des pierres tombales du moyen âge, gravées au trait. Mais ici s'arrête la conformité. L'inscription seule est gravée, tout le reste est en relief et compris avec un véritable sentiment de la bonne décoration. Elle est divisée en trois parties fermées par une bande de moulures feuillagées dont un côté est dissemblable. La base est ornée d'une quadrilobe avec feuilles aux écoinçons. Le centre présente une rose enlacée assez semblable à celles des cathédrales de cette époque, et le sommet laisse voir une croix ornée de pointes de diamant contenant l'Agneau rédempteur au centre. Deux personnages, un ange et un personnage barbu, occupent l'écoinçon supérieur.

Évidemment la reproduction de ce curieux fragment peut devenir utile par les ornements d'un si grand style dont il est revêtu.

L'original est déposé au musée de la ville de Cluny (Saône-et-Loire).

What was the whole form of this the tomb of *Peter the venerable* ? It is indeed difficult for us to answer the question. We did not see the original of this fragment, and it is from a moulding deposited in the Châlons-sur-Saône Museum, that we caused our drawing to be executed. So it does but ill suit us to speak of the entire monument and dissert about its probable structure. The fragmentary piece here has commanded our attention by its austere beauty, and we thought it must become an interesting page of the *Art pour tous*. We don't believe us in the wrong.

This richly sculptured tomb has the form of the mediæval funeral slabs. But the likeness stops here. Only the inscription is incised, all the remainder is in relief and composed with a true sense of good decoration. It is divided into three parts by a band of leafy mouldings, one side of which is dissimilar to the other. The base is ornated with a quadrilobate with leaves at the angle-ties. The centre shows a twined rose rather like those of the cathedrals of the time, and at the top is seen a diamond-cut cross with the Redeeming Lamb in the centre. The upper angle-ties are occupied by two figures : an angel and a bearded personage.

The reproduction of that curious fragment may evidently be useful, because of the high-styled ornaments with which it is covered.

The original is to be seen in the Museum of the town of Cluny (Dep. of Saône-et-Loire).

圣徒彼得（Peter）的墓碑整体结构是什么样子的？我们很难回答。我们没有看到原版，这只是安置在夏龙苏尔索恩博物馆的一幅版画，我们按照这幅画进行的制作。所以如果我们谈论整座纪念碑或是它的大致结构都显得不太合适。在此展示的这件残缺的作品以其严肃质朴的特点抓住了我们的眼球，相信在这本书中，这件作品会引起读者的注意。

这件经过精细雕刻的墓碑和中世纪墓碑的形式相同，但是相似点仅限于此。只有签名是雕刻而成，其他部分都是以浮雕的形式展现出来，上面的装饰物做工精致。似叶子形状的装饰物构成的线脚为这件作品分为三部分，其中一部分和其余两部分都不同。

底角装饰着叶子。中间部分展示的是一朵纠缠在一起的玫瑰，和那一时期的教堂装饰有所不同，顶部是钻石切割而成的十字架，中间是救赎的羔羊。上面的角落里分别有两个形象：一个天使，一个长着胡须的男子。

这件复制品可能会因上面的新奇装饰物而变得非常有价值。

原作位于克吕尼的博物馆中［索恩·卢瓦尔（Saone-et-Loire）］。

N° 167

6me Année.

30 Novembre 1866.

ABONNEMENT ANNUEL
France. . . . . 18 fr.
Étranger. . . . 20 fr.
L'Année parue. 25 fr.

L'ART POUR TOUS
ENCYCLOPÉDIE DE L'ART INDUSTRIEL ET DÉCORATIF
Paraissant les 15 et 30 de chaque mois.

PUBLIÉ SOUS LA DIRECTION DE M. C. SAUVAGEOT | FONDÉ PAR M. ÉMILE REIBER, ARCHITECTE

A MOREL
ÉDITEUR
13, rue Bonaparte
Paris.

XVe SIÈCLE. — ÉCOLE FRANÇAISE,

SCULPTURE.

(ANCIENNE COLLECTION LE CARPENTIER.

SAINT PIERRE.

STATUETTE EN BOIS.

Ce n'est pas assurément pour la statuette de saint Pierre elle-même que nous composons de cet objet sculpté l'une de nos pages. La statue assise du saint n'est pas précisément une mauvaise chose, on y retrouve même certaines qualités qui ne se voient pas toujours dans la statuaire de la fin du xve siècle; mais elle ne méritait cependant pas l'honneur d'une étude ou d'une description particulière. C'est le siége si heureusement composé et exécuté que nous avons voulu surtout montrer.

Notre gravure est exécutée aux deux tiers de l'original, et nulle des perfections de ce meuble gracieux n'a pu échapper à la pointe exercée du graveur. C'est donc avec sécurité que le lecteur peut l'examiner et le fabricant s'en inspirer pour la composition d'un meuble identique.

Il existe, soit dans les musées, soit dans les collections particulières, un assez grand nombre de stalles ou de chaires de cette époque infiniment plus riches que notre petit modèle, mais on en trouverait difficilement, croyons-nous, de plus élégantes, de plus rationnelles comme forme, et de mieux agencées comme décoration. Nous offrons donc ce siége comme un charmant modèle que l'on serait heureux de trouver dans l'ameublement d'une église, dans un oratoire et peut-être même dans un salon d'artiste.

It is not, to be sure, for the statuette itself of saint Peter that we composed with this object one of the pages of our Review. Yet the sitting statue of the saint is not a bad thing after all; and therein are even to be found certain qualities not always existing in the statuary of the end of the xvth. century; but it did not deserve the honour of being studied or particularly described. What we especially purposed showing was the seat so happily conceived and executed.

Of our engraving the execution is at two thirds of that of the original, and none of the perfections of that graceful piece has been passed over by the practised graver of our artist. It is thus with confidence that the reader can study it and the manufacturer get it imitated in the composition of a piece for the same use.

Either in museums, or in private collections there exists a rather large number of stalls or chairs of that epoch, infinitely richer than our small model; but, in our opinion, to find one more elegant and of a more rational form, as well as better disposed for decorative purposes, would be next to impossible. We then present this seat as being a charming model which people would gratefully find in a church, oratory, or even perhaps in the sitting room of an artist.

我们不敢确定这件刊登出来的雕刻作品就是圣徒彼得（Peter）。不过这位坐着的圣徒形象是一件优秀的艺术品，甚至具有15世纪末雕塑作品中罕见的优点，但是它不值得我们仔细研究和重点讲解。在此我们想展示的其实是下面的座椅。

我们在此展示的这件雕刻只有原作大小的三分之二，不过却是由经验丰富的雕刻师完成的，因此保留了其全部优点。读

者可以对此进行研究学习，制造商可以模仿该作品的结构。

不论是在博物馆中还是在个人藏品中，那一时期的唱诗班和牧师的座椅数量众多，更加丰富多彩，但我们认为在此展示的这件作品是最精致的，其协调的结构、所安置的装饰物，都是无与伦比的。你可能会在教堂、小礼拜堂甚至是艺术家的客厅中遇见这件迷人的作品。

XIXᵉ SIÈCLE. — ART CONTEMPORAIN.
ORFÉVRERIE.

AUX TROIS QUARTS DE L'EXÉCUTION.

FLAMBEAUX EN ARGENT CISELÉ,
PAR MM. FANNIÈRES.

Nous voyons l'art industriel moderne de temps à autre assez dignement représenté par quelque œuvre bien composée ou remarquablement exécutée.

Les deux flambeaux ci-joints, composés et exécutés par les frères Fannières, peuvent être sans hésitation classés dans ce nombre, et nous adressons à ce sujet nos sincères éloges à ces artistes, connus depuis longtemps pour le bon goût et pour la perfection de leur travail.

On ne trouvera pas, il est vrai, dans ces deux objets, de dimension restreinte du reste, l'ampleur et le grand caractère montrés dans plus d'une pièce de ce genre exécutée au xviiᵉ et au xviiiᵉ siècle. Le gracieux et le pur y règnent seuls et sans partage ; tout y est fin, délicat, exquis. La dimension des chandeliers ne permettait guère ici, il faut le reconnaître, l'emploi de formes vigoureuses et fortement accusées. On a donc bien fait de rester

1539

dans les données que nous signalons.

Les cariatides personnifiant l'abondance sont d'un heureux style et ne contrarient en rien la ligne générale, la silhouette de l'objet. Elles sont parfaitement drapées et posent bien sur leur piédestal, orné avec une grande délicatesse. Le coussin, en forme de chapiteau, qui s'adapte à leur coiffure, et sur lequel pose la bobèche, contribue à conserver à ces figures l'aspect architectural assez nécessaire dans un objet de cette nature.

Nous présentons (fig. 1540) une section horizontale faite selon la ligne A-B, section dessinée à la même échelle que les ensembles.

Quant à l'exécution de ces deux gracieux objets, nous pouvons affirmer sans crainte qu'il est difficile d'atteindre à un semblable degré de perfection. Aussi nous ne serions pas surpris d'apprendre que le prix de ces flambeaux modernes est assez élevé.

From time to time we see the modern industrial art represented through works remarkable either for their composition or their execution.

These two flambeaus, composed and executed by the brothers Fannières, may be placed into that class, and for them do we give our most earnest praises to these artists who have been for a long time known for their good style and by the perfection of their works.

It is true that in those two objects of rather limited dimensions we are not to expect the ampleness and grand style of more than one piece executed in the xviith. and xviiith. centuries. Grace and chasteness reign there sole and undisturbed ; everything is there delicate and exquisite. It must be acknowledged, the dimensions of the candlesticks were rather repugnant to the use of vigorous and prominent forms. It was therefore sensibly done to remain with them in the above data.

The cariatids which personify Plenty have a happy character and thwart in nothing the general form and outline of the object. Their drapery is perfect and their standing on the finely ornamented pedestal is very good. The cushion, too, in the stead of a capital, which adapts itself to their head-dress and whereupon is set the socket, contributes in giving those figures an architectural look rather required for an object of that kind.

We give (fig. 1540) the A—B horizontal section drawn on the same scale as the ensemble.

As for the execution of those two graceful objects, we boldly assert that it is difficult to reach such a degree of perfection. We should indeed not be surprised to hear of a rather high price being given for those modern flambeaus.

SECTION A LA HAUTEUR DE A.—B.

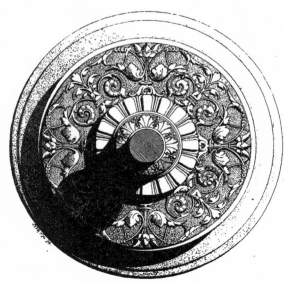

1540

我们有时会通过艺术品优秀的构图或制作技艺看到其中所展示的当代工业艺术。

这两件烛台由芬尼尔斯（Fannieres）兄弟勾画制作完成，他们的作品风格雅致、堪称完美，我们要向这两位久负盛名的艺术家致以最真切的敬佩之情。

由于空间有限，我们并不期待它比 17 世纪和 18 世纪的作品内容更为丰富、风格更为宏伟气派，优雅精致、质朴纯洁才是这件作品的特点。我们不得不承认，烛台的规格限制了其充满活力、优秀显著的形式。因此上面的内容，明智地保留了这些特点。

象征"富裕"的女神柱体现出欢快的特点，且并没有破坏这件作品的整体形式和轮廓线条。她们的垂褶布堪称完美，底座的装饰物精致细腻。垫层代替了柱头，成为了头饰，上面有托座，使得这两个形象富含建筑外形而不是仅仅体现出这类作品的用途。

图 1540 展示的是以 A–B 为截面的平面图。

我们可以大胆地表示，很难有作品能超越这两件作品的完美做工，其价格昂贵也不足为奇。

Le XVIIe et le XVIIIe siècle nous ont légué, entre autres belles choses, un certain nombre de ces cartels ou pendules de dimensions monumentales que l'on est susceptible de rencontrer non-seulement chez les collectionneurs de notre époque, mais encore, dans les provinces, chez plus d'une personne à qui le mérite de ces beaux objets est à peu près inconnu et n'ont été conservés par eux que comme un souvenir de famille seulement.

Nous ne savons pas quelle est la provenance du cartel que nous publions aujourd'hui ; nous savons seulement qu'il appartient à M. Choqueel, fabricant de tapisseries, rue Vivienne, et que c'est un des plus beaux meubles de ces genre qu'il nous ait été donné de voir.

Les lignes en sont belles et graves,

Besides other fine things, we are indebted to the XVIIth. and XVIIIth. centuries for a certain number of those dial-cases or time-pieces of monumental proportions, which are to be met with not only at the collectioner's of our epoch, but also in the country, at more than one person's to whom the merit of those beautiful objects is rather unknown and who have preserved them only as family keepsakes.

We are ignorant of the place this very time-piece came from ; we only know that it belongs to Mr. Choqueel, a tapestry manufacturer of Vivienne street, in Paris, and that it is one of the finest household pieces of that kind we were enabled to look at.

Its lines are beautiful and severe, and its skilfully chased ornaments, added to the structure, are in a perfect style.

A special praise is due to the pedestal, or support, wherein, as well as in the whole object, the tortoise-shell is liberally made us of.

The upper and arched part of the object is capped with a kind of quadrangular cupola, whereupon stands a Fame very well executed and which forms a happy ending.

The two crowned figures at the base of the time-piece are probably personifications of two great powers : France and England perhaps. The dial is of enamel and the ground, on all the surface, is embellished with tortoiseshell ornaments beautifully drawn.

et les ornements habilement ciselés, qui s'ajoutent à la structure des lignes, sont d'un goût parfait.

Nous ferons surtout l'éloge du socle ou support, dans lequel l'application d'écaille joue, comme dans l'objet tout entier du reste, un rôle important.

Une sorte de coupole quadrangulaire couronne la partie supérieure et cintrée de l'objet ; sur cette coupole pose une Renommée d'une jolie exécution, qui le termine agréablement.

Les deux figures couronnées qui existent à la base du cartel doivent personnifier l'union de deux puissances : de la France et de l'Angleterre, peut-être. Le cadran est en émail, et le fond, dans toute sa surface, est décoré d'ornements en écaille d'un beau dessin.

在 17 世纪和 18 世纪能有如此数量庞大的钟表作品，我们感到非常庆幸，不仅是我们这一时代的收藏家，有很多人不认识这些优秀作品，只是把它们当作纪念品摆在家中。

我们不知道这件时钟出自哪里，只知道它属于肖克（Choqueel）先生，巴黎的薇薇恩大街上的挂毯制造者。这件作品是我们能看到的最精致的家居艺术品之一。

优美简洁的线条、技艺娴熟的装饰雕花以及合理协调的结构，共同体现出作品完美的风格。

底座上以及整件作品中不拘泥于形式的玳瑁为作品又增加了一处亮点。

作品的顶部是四边形的穹顶，上面立着象征"名誉"的形象，做工精巧。

底部两个头戴王冠的形象可能是两个重要权利的象征："法国"和"英格兰"。表盘是搪瓷的，背景和所有表面上的装饰物都是精美的玳瑁。

XVIᵉ SIÈCLE. — ÉCOLE FRANÇAISE.
(COLLECTION DE M. DUTUIT DE ROUEN.)

ACCESSOIRES DE TABLE. — BUIRE EN ÉTAIN,
PAR FRANÇOIS BRIOT.

We lately, in publishing the rich basin which completes this bronze vessel, and serves for its support, called attention to the iconographical science which had come and helped the decorator of this object. Briot, the celebrated pewterer, in using but one single material for the making of these two pieces, seems to have been willing to redeem the uniformity resulting from the use of that very sole material by a real profusion of allegoric subjects treated both with science and taste. Here again do we find allegories, but less numerous however than on the basin. The article, it's true, was also less countenancing that system of decoration. In the basin, we see Temperance surrounded by the Elements and the liberal Arts in attendance. Three subjects only are drawn on the vase's belly, in rich cartouches separated by graceful ornaments. They represent Faith, Hope and Charity. The central part is divided in three by mouldings, each of them containing ornaments made with human masks, chimeræ and scrolls, all treated in perfection. The entire object is covered with ornamentation; no portion suffers the spectator's eye to rest. Yet there is withal such a happy arrangement and nice combination, the projections are so well studied, that the general form loses nothing from the abundance of details. The shape of the object is also well known: it is that of an egg, which is a form used at every epoch and with more or less variation, in the vases of that kind.

We were near forgetting to add that, as most of the objects from the hand of Briot, these ones bear the trademark of their manufacturer; the basin shows, at its back, Briot's portrait with the legend: *Franciscus Briot, sculpebat* (Francis Briot has made it).

4542

近期我们刊登了这件青铜容器的底盘，其中令人瞩目的插画艺术为这件作品增添了亮点。著名的锡匠布里奥（Briot）用了单一的材料制作这两件作品，似乎想通过大量寓意主题的运用弥补单一材质在技艺和风格品位上的不足。这件作品中的寓意内容比底座上的要少，且装饰物也更少。在底座上我们看到了节制的形象，环绕着多种元素，体现出自由艺术。三个主题分别代表着"信仰""希望""慈善"，只出现在花瓶的瓶身处，大量的旋涡花饰中包含着雅致的装饰物。中间的部分被三条线脚分割开来，每一部分都包含着人脸面具、喀迈拉（Chimera）和涡卷形装饰。整件作品都布满了装饰物，你根本无暇分心。合理的布局和上面的主题都值得仔细研究，且大量的细节美妙精致。这件作品的造型像颗鸡蛋，每一时期的花瓶都有相似的艺术品造型，它们或多或少有些差异。

差点忘了补充，这件作品上有制作商的标记，底座的背面有对作者的描述：弗朗西斯·布里奥（Franciscus Briot）制作。

Dans le riche plateau qui complète cette buire et lui sert de support, nous faisions remarquer dernièrement en le publiant combien la science iconographique était venue en aide à la décoration de l'objet. Briot, le célèbre potier d'étain, n'ayant employé qu'une seule matière pour la fabrication de ces deux pièces, semble avoir voulu racheter l'uniformité résultant de l'emploi de cette matière unique par une véritable profusion de sujets allégoriques, sujets traités à la fois avec science et avec goût. Ici encore nous retrouvons des allégories, mais en moins grand nombre cependant que sur le plateau. L'objet se prêtait moins aussi, il faut le reconnaître, à ce système de décoration.

Dans le plateau nous voyions la Tempérance entouré des éléments et du cortége des arts libéraux. Dans la buire trois sujets seulement se dessinent sur la panse, dans de riches cartouches séparés entre eux par de gracieux ornements Ce sont les vertus théologales, c'est-à-dire la Foi, l'Espérance et la Charité. La partie centrale du vase est divisée en trois parties par des moulures, et chacune de ces parties contient des ornements faits de masques humains, de chimères et d'enroulements, toujours traités avec une rare perfection. L'objet tout entier est couvert d'ornementations; aucune des parties n'offre un repos à l'œil de

l'examinateur. Cependant le tout est si heureusement combiné, arrangé; les saillies sont si bien étudiées, que la forme générale ne souffre en rien de cette abondance de détails. La forme de l'objet est aussi bien connue: c'est celle d'un œuf, forme qui a toujours été employée à toutes les époques et avec plus ou moins de variantes dans les vases de cette nature.

Nous allions omettre de dire que, comme la plupart des objets fabriqués par Briot, ceux-ci portent la marque de leur auteur. Ainsi le plateau montre au revers le portrait de Briot avec cette légende: « *Franciscus Briot sculpebat.* »

(¹ᵐᵉ Annec. · N· 168 · 15 Decembre 1866.

L'ART POUR TOUS
ENCYCLOPÉDIE DE L'ART INDUSTRIEL ET DÉCORATIF
Paraissant les 15 et 30 de chaque mois.
PUBLIÉ SOUS LA DIRECTION DE M. C. SAUVAGEOT | FONDÉ PAR M. ÉMILE REIBER, ARCHITECTE

ABONNEMENT ANNUEL
France . . . . . 18 fr.
Étranger . . . . 20 fr.
L'Année parue. 25 fr.

A. MOREL
ÉDITEUR
13, rue Bonaparte
Paris.

XVIᵉ SIÈCLE. — ÉCOLE ITALIENNE.

(FABRIQUE DE FAENZA.)

ACCESSOIRES DE TABLE. — PLAT ÉMAILLÉ.

(COLLECTION DE M. J. FAU.)

1543

La bordure ou marly de ce plat richement décoré, est ornée d'une frise composée de figures et d'ornements disposés en arabesques. Ces ornements sont d'un modelé pâle, et se détachent sur un fond bleu très-vigoureux. Entre la bordure et le sujet central, c'est-à-dire sur la chute du marly, on voit une couronne d'un blanc légèrement gris, sur laquelle se dessinent les palmettes courantes en blanc pur et très-hardiment tracées. Le médaillon central montre un sujet mythologique avec fond de paysage que nous ne saurions expliquer; disons seulement que les couleurs en sont très-variées et harmonieuses. Un filet jaune règne tout autour de ce plat, dont le diamètre est de 30 centimètres, et dont la valeur artistique est incontestable. Nous remercions M. Fau de nous avoir permis de le reproduire par la gravure.

这个装饰华丽的盘子边沿点缀着人物形象和蔓藤花饰。这些装饰物的线脚颜色较浅，背景是鲜艳的蓝色。在中间主题边缘的位置，也就是边沿的倾斜位置有一圈淡淡的灰白色，上面勾画着白色的棕榈叶，画风大胆。中间的圆形展示了一个神话主题，背景是一片草地，我们不确定我们的解说是否正确，我们只能告诉大家这件作品的颜色丰富、色彩协调。黄色的饰边环绕着盘子，盘子的直径为30厘米，它的艺术价值不容置疑。感谢福先生（Mr. Fau）允许我们通过版画的形式复制这件作品。

The edge or *marly* of that richly decorated dish is embellished with a frieze of figures and ornaments disposed arabesquelike. Those ornaments have a pale-coloured moulding and detach themselves on a vivid blue ground. Between the border and the central subject, viz., on the declivity of the *marly*, is to be seen a ring of a lightly grey-white, whereupon are delineated running palm-leaves in clear white and of a bold drawing. In the centre medallion is shown a mythological subject with a landscape in the back-ground, and we confess ourselves at fault for its explanation; all we can say is that the colouring of it is varied and harmonious. A yellow fillet encircles the dish, whose diameter is 30 centimetres, and its artistic value unquestionable. We thank Mr. Fau for having allowed us to reproduce it through our engraving.

XVᵉ ET XVIᵉ SIÈCLES. — ÉCOLE ITALIENNE.
BRONZE ET OR.

MÉDAILLES HISTORIQUES,
GRANDEUR D'EXÉCUTION.
(COLLECTION DE M. SIGNOL.)

1544

1545

1546

Les six médailles du xvᵉ et du xvıᵉ siècle que nous montrons dans ce numéro de l'*Art pour tous*, sont des chefs-d'œuvre de modelé. Elles sont en bronze, à l'exception de la fig. 1547 (Camilla Rugeri) qui est en or, et nos gravures sont faites de la grandeur même des originaux. Ceux-ci sont d'une réussite parfaite et d'une très-grande finesse, à laquelle ne peut atteindre, on s'en doute bien, un dessin rendu à l'aide de hachures seulement.

M. Signol, à l'obligeance duquel nous devons de pouvoir montrer ces intéressants portraits italiens, possède dans sa collection bien d'autres médailles remarquables ou curieuses, mais on comprendra que nous ayons borné notre choix à ces six exemples, qui sont du reste à notre avis les plus beaux, tant au point de vue de l'art qu'au point de vue du costume.

1547

1549

1548

The six medals of the xvth. and xvıth. centuries, given in the present number of the *Art pour tous*, are master-pieces for their moulding. They are of bronze, with the exception of fig. 1547, which is of gold; and these our engravings are of the very size of the originals which present a perfect execution and a very great fineness unattainable, as one will easily surmise, by a drawing made only through hatchings.

Mr. Signol, to whose kindness we owe the possibility of showing these very interesting Italian portraits, has in his collection a great many more remarkable or curious medals; but it will be understood why we have confined ourselves to the choice of those six samples, which are besides, in our opinion, the most beautiful both in point of art and with regard to the costume.

这六枚纪念章可以追溯到 15 世纪和 16 世纪，因其装饰线条而闻名。除了图 1547 的材料是黄金制品外，其余都是铜制作品。我们在此展示的雕刻物和原作的大小相同，读者仅通过其中的线条就可以感受到其完美的制作工艺和无可匹敌的优雅细致。

感谢西尼奥尔（Signol）先生允许我们展示纪念章以及其中颇有趣味的意大利肖像，他的收藏品众多，但我们选择这六枚纪念章作为样本进行展示，是因为我们认为这几件作品的艺术造诣极高，而且其中的服饰也很出色。

XVIIIe SIÈCLE. — ÉCOLE FRANÇAISE.
(LOUIS XVI)

PENDULE EN BRONZE, CUIVRE ET MARBRE.
(COLLECTION DE M. L. DOUBLE.)

L'art industriel, dans les dernières années du XVIIIe siècle, était arrivé à une certaine pureté, à une élégance raisonnée et presque sévère qu'on n'a pas toujours atteint depuis. Une révolution artistique s'est faite à cette époque, et cette révolution a été complète. En effet, on est loin de s'imaginer, en contemplant certains objets exécutés sous le règne de Louis XVI, que quelques années seulement les séparent du style rocaille ou pompadour.

Cette pendule où, suivant l'expression du bibliophile Jacob, personne, en admirant les figures, ne songe à chercher l'heure, nous semble une des belles choses de la collection de M. Double. Ces trois gracieuses figures qui supportent une sphère, représentent les trois Grâces et sont attribuées à Clodion ; elles sont en bronze très-coloré, entourées de fines guirlandes de fleurs en cuivre doré qui tranchent

❦

Industrial art attained, in the last years of the XVIIIth. century, a state of chasteness and rational, almost sober elegance, which has not always been reached since. At that epoch, a revolution in the fine arts took place, and a complete one it was. Indeed, people are far from realizing, when looking a certain articles manufactured in Louis XVIth's reign, that a few years only separate them from the *Rococo* or *Pompadour's* style.

This time-piece whereat, to use bibliophile Jacob's expression, nobody looks for the time while everybody admires its figures, seems to us one of the finest things of Mr. Double's collection. The three graceful figures supporting a sphere personify the three Graces, and are attributed to Clodion ; they are of a very light coloured bronze, with copper gilt garlands of flowers the brightness of which blazes out on the figures they so pleasantly bind together.

The globe, or sphere, is divided in the middle by a white enamelled band whereon the hours and minutes are inscribed. That globe is blue with ornaments of copper gilt charged here and there. It is crowned with a little Cupid, seated on golden clouds and holding in his hand the symbolical torch by which, more or less, every one of us has been burnt. The socle, or pedestal, is of white marble with a charging of ornaments in copper gilt. It is triangularly shaped, slightly hollowed out, and upheld on three feet of copper.

Two groups by Clodion form a fitting suit to that delightful time-piece wherein various materials combining and correctness of execution produce an ensemble both pure and harmonious. (Height, 74 centimetres.)

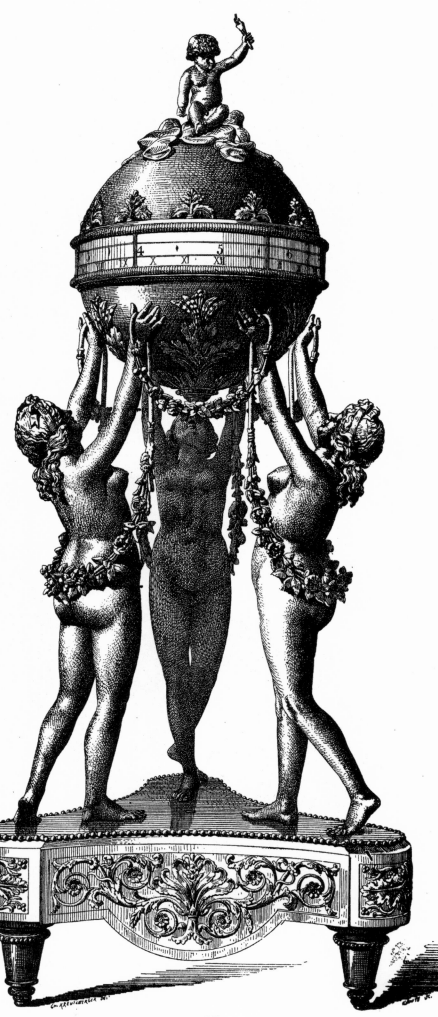

en lumière et en éclat sur les figures ainsi enchaînées.

Le globe ou sphère, est divisé au milieu par une bande blanche émaillée, sur laquelle sont tracées les heures et les minutes. Ce globe est bleu avec ornements en cuivre doré, appliqués çà et là. Il est couronné d'un Amour assis sur des nuages dorés, et tenant en main la torche symbolique qui nous a tous plus ou moins brûlés. Le socle ou base est en marbre blanc, avec application d'ornements en cuivre doré. Il es de forme triangulaire légèrement échancrée, et supporté par trois pied en cuivre.

Deux groupes de Clodion accompagnent cette délicieuse pendule, où des matières diverses heureusement combinées, jointes à la correction de l'exécution, produisent un ensemble à la fois pur et harmonieux. (Hauteur 74 centimètres.)

❦

这件 18 世纪末期的工业艺术品纯真质朴、做工灵巧、优雅精致，很少有艺术品能超越这件作品。这一时期艺术品领域出现变革，这件作品就是变革的产物。当我们观察路易十六统治时期制造的艺术品时，很难意识到从洛可可或蓬帕杜风格到变革时期仅有几年光景。借用藏书家雅各布（Jacob）的话来形容达布尔（Double）先生的这件精致的计时艺术品：没有人再去关注时间，每个人都只欣赏这些优美的体态。这三名托着球体的优雅形象是美惠三女神，由克洛迪昂（Clodion）制作而成。她们的材质是颜色非常浅的青铜，镀金的铜制花环为其增添了一抹亮色，这三个形象巧妙的连结在一起。

这个球体中间是一条白色的饰带，上面刻着小时和分钟。蓝色的球体上有铜制镀金装饰物。顶端是一个小丘比特（Cupid），坐在金色的云中，手中托着象征性的火炬，我们每个人仿佛都被点亮了。底座是白色的大理石，上面有镀金的铜制装饰物。稍微挖凿过的三角形由三条铜制的脚支撑着。

这件计时艺术品融合了不同的材质，做工朴实、搭配协调。（高 74 厘米）

CH. KREUTZBERGER del.

(COLLECTION DE M. SPITZER.)

La partie du riche harnais que nous présentons sur cette feuille est celle qui s'adapte au poitrail du cheval. Tous les ornements, masques et figures, sont en cuivre doré et appliqués sur un fond de velours brun. Nous publierons prochainement les autres parties de ce Caparaçon fabuleusement orné.

这件装饰华丽的艺术品是置于马胸前的马具，此处只展示了这件艺术品的一部分。上面所有的面具和人物形象的装饰物都是铜制鎏金的，下面是棕色的天鹅绒。我们打算刊登这件装饰极佳的马衣的其他部分。

The portion of the rich harness shown in this page, is the one to be placed on the the horse's chest. All its ornaments, masks and figures, are in copper gilt and charged on a ground of brown velvet. We intend to shortly publish the other parts of that marvellously decorated caparison.

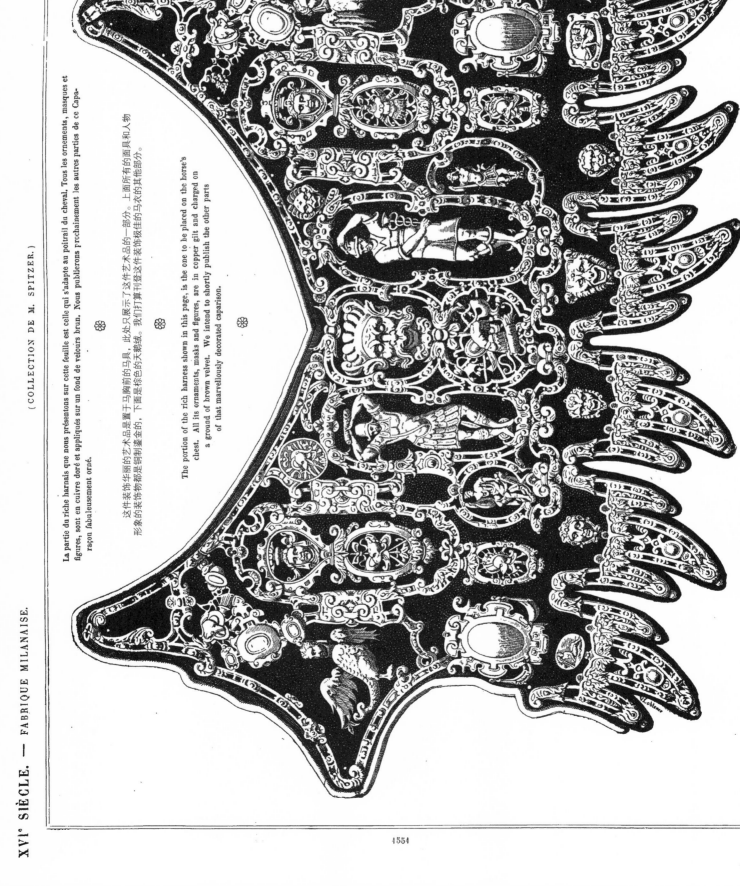

1554

• 139 •

N° 169

6me Annéc.

30 Décembre 1866.

ABONNEMENT ANNUEL
France. . . . 18 fr.
Étranger. . . . 20 fr.
L'Année parue. 25 fr.

L'ART POUR TOUS
ENCYCLOPÉDIE DE L'ART INDUSTRIEL ET DÉCORATIF
Paraissant les 15 et 30 de chaque mois.
PUBLIÉ SOUS LA DIRECTION DE M. C. SAUVAGEOT | FONDÉ PAR M. ÉMILE REIBER, ARCHITECTE

A. MOREL
ÉDITEUR
13, rue Bonaparte
Paris.

XVIIIᵉ SIÈCLE. — ÉCOLE FRANÇAISE.

(LOUIS XVI.)

(COLLECTION DE M. GLEIZES.)

BAS-RELIEF EN TERRE CUITE

(ATTRIBUÉ A CLODION.)

CH. KREUTZBERGER. DIS.   COMTE SC.

1552

Cette scène gracieuse, due selon toute probabilité au ciseau ou plutôt à l'ébauchoir de Clodion, est le pendant de celle que nous avons montrée page 645, n° 162. Les mêmes qualités et les mêmes défauts s'y rencontrent, et il serait superflu de les détailler de nouveau.

Ici, l'artiste a représenté les trois Grâces occupées à dresser, avec toutes sortes de précautions, une statue de l'Amour sur un piédestal. Le sujet est bien simple, et il fallait le talent souple et gracieux de Clodion pour en tirer cet heureux parti. Le piédestal est orné de guirlandes et de trophées. Dans le fond un enfant apparaît chargé d'une corbeille de fleurs.

Nous devons à l'obligeance de M. Gleizes de pouvoir montrer dans notre recueil ces œuvres peu connues d'un maître célèbre.

通过这件作品的优雅做工我们推测出它也许由克洛迪昂（Clodion）雕刻而成，这件作品和我们在第162页、645页展示的作品相似。它们有相同的美感，但同时也能发现相仿的缺点，所以无需在此一一赘言。

艺术家为我们展示了美惠三女神，她们忙着将爱神的雕塑摆在底座上，动作小心翼翼。这件作品的主题明确，我们可以通过这件作品看出作者的天资。底座上装饰有花环和战利品，背景中一个小孩头顶着装满鲜花的花篮。

感谢格莱兹（Gleizes）先生使我们能够展示这件著名大师鲜为人知的作品。

This graceful scene, most probably due to Clodion's chisel or, better said, boaster, is to match with the one we gave in no. 162, p. 645. In both the same beauties and faults are to be seen, and it would be needless to recount them afresh.

Here, the artist has represented the three Graces, who busy themselves with most carefully placing upon a pedestal a statue of Love. It is a very plain subject, and to turn it to so happy an account, Clodion's talent was required. Garlands and trophies decorate the pedestal. In the back-ground, a child appears with a basket of flowers on its head.

We owe to Mr. Gleizes' obligingness to be enabled showing in our paper these but little known works of a celebrated master

XVIᵉ SIÈCLE. — ART INDIEN.

Quoi de plus simple, quoi de moins prétentieux que la forme générale de cet objet ? L'ornementation, de son côté, n'est pas compliquée ni même variée, et cependant ce vase modeste est une chose exquise et qui séduit à première vue.

Les ornements courants dont il est couvert se dessinent tantôt en gris foncé, tantôt en blanc. Ils n'offrent aucune saillie et sont obtenus par une sorte de mastic parfaitement consolidé, coulé dans le métal incrusté. Ailleurs c'est le contraire, et le dessin est formé par le métal poli (de l'argent très-probablement) qui apparaît en blanc sur le fond gris noir, partout le même.

Nous montrons fig. 1555 un exemple de la première disposition prise en B du vase, et fig. 1554 la disposition contraire prise en A.

Ces deux figures, destinées surtout à montrer à une grande échelle les ornements courants d'un beau caractère, sont le développement régulier, mais plus grand que l'exécution des bandes A-B du sommet de la panse.

Ajoutons que le couvercle n'est pas non plus exempt de cette décoration ingénieuse et sobre qui produit un excellent effet.

What is simpler and less pretentious than the general form of that object ? As for its very ornamentation, it is neither complicate, nor even varied ; yet, that modest looking vase is an exquisite article and which at once draws attention.

The running ornaments, with which it is covered, are drawn now with dark grey, and then with white. They have no projection and are obtained through a kind of perfectly solidified mastic cast into the inlaid metal. In other places, it is quite the reverse, as the drawing is formed through the polished metal (most probably silver), which appears in white on the black grey ground everywhere alike.

We give, in fig. 1555, an example of the first disposition, taken in B of the vase, and in fig. 1554, the contrary disposition, in A.

These two figures, specially given to show on a large scale the running ornaments of fine character, are the development, regular but greater than the execution, of the A-B bands of the apex of the vase's belly.

Let it be added that the very lid is not without this ingenious and sober decoration, which produces an excellent effect.

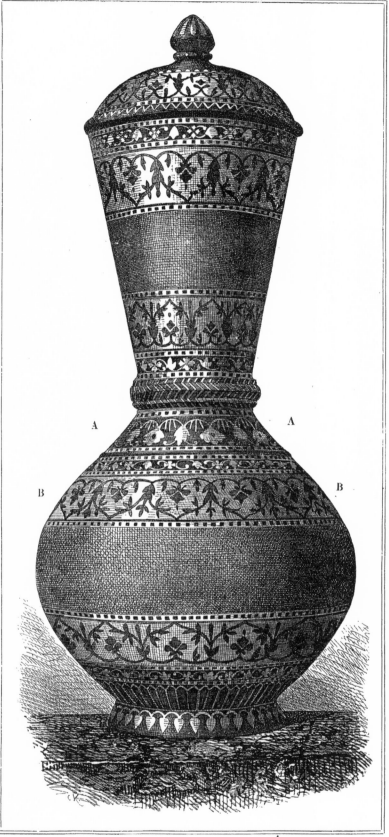

A   1553   B

还有比这件作品形式更加简单低调的吗？上面的装饰物既不复杂，也没有太多变化，不过这件看起来质朴的器皿却是一件精致细腻的作品，能立刻吸引我们的注意力。

上面一系列的装饰物起初是暗灰色，之后是白色的。没有凸起物，通过一系列凝固的胶粘剂铸进了镶嵌式的金属中。其他地方恰恰相反，上面的画作是白色的抛光金属（很可能是银），背景是黑灰色。

图 1555 是器皿上 B 处的第一处布局，图 1554 是 A 处的相反布局。

这两个图案展示了器皿上装饰物的精致优雅，器皿腹部顶端的 A-B 区间的条状装饰，比器皿上的实际图案更大。

需要补充的是，盖子上的装饰物素净淡雅、独具特色，使器皿更加出色。

A

1554

1555

MÉDAILLONS EN FAÏENCE.

(ÉCOLE DE LUCCA DELLA ROBBIA.)

XVIᵉ SIÈCLE. — FABRIQUE ITALIENNE.

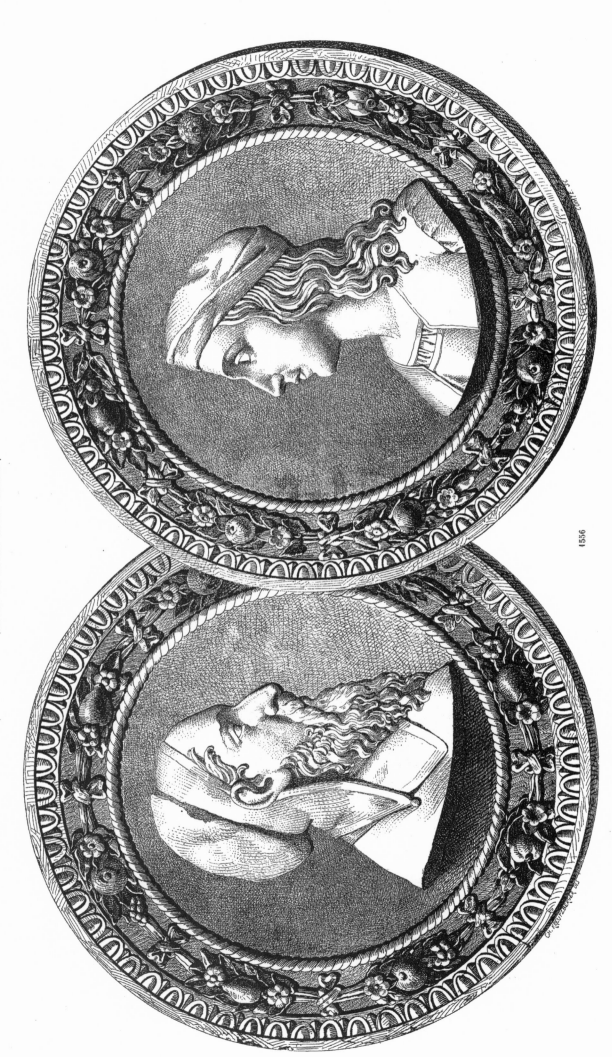

1556

These medallions, which form a complete suite, are most probably from the work-shop of Lucca della Robbia's brothers and descent who, long after the master's death, took to the calling of the manufacture of enamelled faiences. It is everywhere the same decorative system, the artist's manner, less his style and originality. That set of medallions, whose centre shows relievo-portraits, was executed to be a part of the decoration of we don't know what fabric. The Madrid castle, at Boulogne, erected by Francis the First, offered, it is notorious, numerous examples of coloured faiences so charged on purtitions for that purpose reserved. Wreaths and fruits are here coloured according to custom.

这两个圆雕饰板是一套艺术品，很可能出自卢卡·德拉·罗比亚（Lucca della Robbia）的兄弟及后裔的工坊，自大师死后很久，才开始制作搪瓷彩陶。装饰结构相同，不过风格和独创性更低一些。这套圆雕饰中间的人物肯像是以浮雕形式展示出来，属于装饰物的一部分，我们不知道其材质是什么。位于弗朗索瓦一世的马德里城堡由弗朗索瓦一世建立，有大量的彩陶作品。花环和水果的颜色根据当时的着色习惯而定。

Ces médaillons, dont il existe toute une série, sortent très-probablement de l'atelier des frères et descendants de Lucca della Robbia, descendants qui ont continué longtemps après sa mort à fabriquer des faiences émaillées. C'est toujours le système décoratif, la manière du maître, moins le caractère et l'originalité. Cette suite de médaillons, dont le centre montre des portraits en relief, a été exécutée pour entrer dans la décoration d'un édifice quelconque. On sait que le château de Madrid à Boulogne, élevé par François Iᵉʳ, offrait de nombreux exemples de faiences en couleur appliquées dans les parties ménagées à cet effet. Le médaillon et le fond sont blancs. Les guirlandes et fruits sont coloriés suivant la coutume de cette école.

XVIIe SIÈCLE. — FONDERIES ITALIENNES.   CHENETS EN BRONZE.

(COLLECTION DE M. SPITZER.)

L'art italien des XVIe et XVIIe siècles manque généralement de simplicité. Les figures n'ont pas la fermeté voulue et les ornements souvent très-lourds de forme sont surchargés. Il faut donc se garder de le proposer toujours comme exemple, et pour notre compte nous préférons hautement quant à ces époques l'art de notre pays.

Nous montrons aujourd'hui des chenets en bronze qui nous paraissent sortir des fonderies italiennes de la fin du XVIe siècle ou du commencement du XVIIe. Ce sont d'assez belles pièces, convenablement réussies, et dont la silhouette générale, assez élégante, doit produire un heureux effet sur la flamme du foyer.

Deux personnages agenouillés font office de cariatides et suppor-

The Italian art of the XVIth. and XVIIth. centuries is usually lacking simplicity. Its figures have not the necessary firmness, and its ornamentation, often heavy, is overflowing. So, one is to take care not to ever present it as model; and, for our part we highly prefer to it the art as then flourishing in our own country.

We give to-day some bronze fire-irons which seem to us to come from the Italian foundries of the end of the XVIth., or the beginning of the XVIIth. century. They are fine objects enough, properly executed and whose general outline, rather elegant, ought to produce a happy effect on the hearth's blazing.

Two kneeling personages play the part of caryatids and support the central part of the object. A distorted and complicate cartouch is to be seen on this intermediate portion of the work, which, in its turn, supports a vase decorated with flutings, masks and fruits and whereon, finally, stands a figure larger than all the others. In the fire-dog here shown, this figure is that of Venus, and in its counterpart, that of the god Mars. The goddess keeps hold of a dolphin, like the Medici Venus, and has, moreover, the form of the latter, though heavier and, so to say, Flemish-like.

The two figures at the base, have draperies and are linked together by means of a large winged angel's head.

tent la partie centrale de l'objet, à laquelle sont adossées deux figures d'enfants nus. Un cartouche contourné et compliqué existe sur cette partie intermédiaire qui soutient à son tour un vase décoré de canneaux, de masques et de fruits et sur lequel vient poser enfin une figure plus grande que toutes les autres. Dans le chenet que nous présentons, cette figure est une Vénus, dans l'autre c'est le dieu Mars. Ici, la déesse s'appuie sur un dauphin comme la Vénus dite de Médicis. Elle offre de plus la tournure de cette dernière, quoique plus lourde et plus flamande.

Les deux figures de la base sont entourées de draperies et reliées entre elles par une trop grosse tête d'ange ailé.

16 世纪和 17 世纪的意大利艺术作品通常都是复杂的。其中的形象缺乏必要的坚硬稳重，装饰物太多，显得沉重。所以要注意不要将其当做典范，对于我们来说，更希望这样的艺术品在我们国家绽放光彩。

今天为大家展示的是一些青铜生火工具，似乎是 16 世纪末意大利铸造厂生产的。这些精致的艺术品工艺精湛、线条优美，会使壁炉中的火苗显得更加欢快灵动。

两个跪着的人物形象是女像柱的一部分，支撑着作品的中心。我们可以看到扭曲复杂的涡卷饰布满作品中间的位置，支撑着花瓶，上面装饰着沟槽饰物、面具和水果，最上面站着的人物形象比其他的形象都要高大。这里展示的碳架上有维纳斯（Venus）的形象，对面是战神马尔斯（Mars）。女神捏着一只海豚，像美第奇的维纳斯，而且后者更加高大，像佛兰德人。

底座的两个人物形象穿着垂褶布的衣服，通过有巨大羽翼的天使头像连接着彼此。

6me. Année.

No 170

15 Janvier 1867.

ABONNEMENT ANNUEL
France..... 18 fr.
Étranger.... 20 fr.
L'Année parue. 25 fr.

L'ART POUR TOUS
ENCYCLOPÉDIE DE L'ART INDUSTRIEL ET DÉCORATIF
Paraissant les 15 et 30 de chaque mois.
PUBLIÉ SOUS LA DIRECTION DE M. C. SAUVAGEOT | FONDÉ PAR M. ÉMILE REIBER, ARCHITECTE

A MOREL
ÉDITEUR
13, rue Bonaparte
Paris.

ART CHINOIS ANCIEN.

(ÉMAUX CLOISONNÉS.)

BRULE-PARFUM

A M. CHANTON.

A.

4558

Le socle est en bois noir. Toutes les parties de cet objet sont couvertes d'émaux cloisonnés des plus harmonieux.

这件作品的底座是黑檀制成的，上面的搪瓷色彩协调。

The pedestal of this object is of black wood, and the object itself is everywhere covered with most harmonious enamels.

XIIIᵉ SIÈCLE. — ORFÉVRERIE FRANÇAISE.
(COLLECTION DE M. BASILEWSKI.)

RELIQUAIRE EN CUIVRE DORÉ
ET ÉMAILLÉ.

La forme de ce reliquaire est des plus heureuses. Elle est étudiée avec soin et réussie. L'ornementation, toujours bien à sa place, est d'une remarquable exécution et très-souvent d'une grande finesse.

Ce reliquaire, dû aux belles années du XIIIᵉ siècle, n'est point sorti des mains d'artistes vulgaires, on le voit; et l'emploi, dans sa structure générale, de formes architecturales en est pour nous une preuve concluante. En effet, dans une œuvre d'orfévrerie ancienne, on peut remarquer que partout où les lignes sont belles et étudiées, l'ornementation, de son côté, laisse peu à désirer. Ici, les lignes sont vraiment belles.

Le pied de l'objet, orné de cabochons ou bouillons fort saillants, pose sur trois petits animaux. Un nœud elliptique succède au pied; puis vient un support découpé en forme de quatre feuilles, dont la partie supérieure serait enlevée, et qui supporte la partie centrale du reliquaire. Cette partie centrale accuse la forme d'un pignon de chasse du XIIIᵉ siècle. A l'extrémité, deux colonnettes taillées de losanges, couronnées d'élégants chapiteaux, supportent le fronton découpé en trèfle, orné de cabochons et de filigranes. Une crête découpée, d'un goût exquis, s'applique sur le fronton en s'amortissant en spirale aux extrémités. Le sommet de cette crête et de l'objet est muni d'un nœud terminal orné de cabochons. La statuette couronnée qui occupe le centre du reliquaire se détache sur un fond émaillé. C'est la seule chose qui laisse à désirer dans toute cette œuvre des belles années du XIIIᵉ siècle.

The shape of this shrine is most happy. It is carefully studied and successfully worked out. The ornamentation, always sensible, is specially remarkable for its execution and very often for its fineness.

That shrine, which we owe to the best years of the XIIIth. century, is not, as easily seen, the work of a common artist, and the use of architectural forms in its general structure is to us a conclusive proof thereof. In fact, one can observe in an antique piece of the silversmith's art, that, whenever its lines are fine and well studied, the ornamentation, too, leaves little to be desired. Here the very lines are truly fine.

The foot of the article, ornated with polished uncut stones very projecting, is put on three small animals. Higher comes an elliptic knot; then a support in the shape of four leaves, the upper portion of which is cut off, and which bears the central part of the shrine. This very centre gives out the form of a gable-end of the XIIIth. century, whereupon two small columns with cut lozenges all along and crowned with elegant capitals, support the frontal in the shape of a trefoil and ornated with polished uncut stones and filigrees. This frontal is capped with a carved crest of an exquisite style which ends in volutions at the extremities. The top of that crest and of the object is furnished with polished uncut stones. The crowned statuette, which occupies the centre of the shrine, detaches itself on an enamelled ground, and is the only thing, which leaves something to be desired in all this work of the best years of the XIIIth. century.

4559

这件神龛的形状非常巧妙且做工精致，上面的装饰物尤为细腻。

这件艺术品可以追溯到 13 世纪的鼎盛时期，不难发现它出自大师之手，其富有建筑风格的特点更能证明这一说法。事实上，你可以观察一件古董的银匠艺术，如果线条优美讲究，那上面的装饰物也一定很精细。而这件艺术品的线条就非常精巧。

底座上装饰着打磨过但未经切割的宝石，非常突出，这个底座架在三只动物上。往上是椭圆形的结，上面有四片叶子；再往上的部分经过切割，支撑着神龛的主体部分。最

中间的这部分呈现出 13 世纪的三角墙造型，两根圆柱上是切割出来的菱形，雕刻着精致的字母；呈现出三叶植物的形状支撑着该艺术品，上面装饰着未切割但打磨过的宝石和金银丝饰品。作品顶端的造型别致，呈涡卷饰，上面装饰着抛光但未切割的宝石。头戴王冠的塑像占据着神龛的中央位置，背景是搪瓷的，这同时也是这件 13 世纪鼎盛时期的作品中最令人不满意的部分。

XVIᵉ SIÈCLE. — FABRIQUE FRANÇAISE.
(FERRONNERIE D'ART.)

(COLLECTION DE M. RÉCAPPÉ.)

COFFRET EN FER ET EN CUIR
AU CHIFFRE D'ANNE DE BRETAGNE.

1560

1561

La figure inférieure montre le coffret en perspective. L'entrée de la serrure se voit sur l'un des petits côtés, au milieu d'ornements découpés que l'on retrouve, mais variés et de meilleur goût, sur le grand côté.

La fig. 1560 est la partie supérieure du coffret divisée en quatre panneaux, où le chiffre d'armes de Bretagne se trouve quatre fois répété. Ce chiffre est en fer découpé, et s'applique sur fond de cuir.

下面的这件作品是一个贵重物品箱。锁在面积较小的那一边，面积大的这一边有雕刻的装饰物，不过图案更加多样，样式也更为雅致。

图 1560 是箱子的顶部，分隔成了四个方格，每个方格里雕刻的图案都一样，是布列塔尼的纹饰。上面的花纹由铁制品切割而成，下面的背景是皮制品。

The lower figure shows the coffer prospectively. The opening of the lock is to be seen on one of the smaller sides, in the middle of carved ornaments which are found again, but varied and of better style, on the larger side.

Fig. 1560 is the upper portion of the chest divided in four panels, whereto the heraldic cypher of Brittany is four times inscribed. This cypher is of cut iron and put on a leather ground.

XVIᵉ SIÈCLE. — ÉCOLE FRANÇAISE.
(COLLECTION DE M. D'YVON.)

GARNITURE DE FOYER.
SOUFFLET EN BOIS SCULPTÉ.

La sculpture de cet objet est loin d'être parfaite comme exécution. Figures et ornements sont au contraire traités d'une façon cavalière, qui dénote, il est vrai, une certaine verve chez son auteur, mais qui en revanche est loin de suffire à donner une idée de la belle sculpture de cette époque.

Malgré cette rudesse, malgré une grande naïveté et une grande incorrection dans les figures, on ne peut refuser à ce soufflet les qualités décoratives nécessaires, et qui le font remarquer tout d'abord parmi les autres objets de la collection de M. d'Yvon.

Est-ce le vainqueur de Satan, c'est-à-dire saint Michel qu'on a voulu représenter sur le cartouche central ? Le personnage a bien la tournure et le costume de l'archange céleste. Alors le démon, l'esprit du mal, serait figuré par cette tête grotesque placée à la base du cartouche et sur laquelle pose le saint.

Mais c'est là un point d'iconographie peu important, et que nous n'avons pas mission d'éclaircir ici. Nous devons rappeler cependant que saint Michel commande aux éclairs, au feu et aux tempêtes, et qu'alors il se trouverait fort à sa place sur cet instrument de foyer, destiné à attiser le feu.

Tout dans cet objet est en bois, bruni par le temps. Le canon du soufflet est seul en métal. Au-dessus du masque grotesque où s'adapte le canon, nous voyons deux bandes de galons fixées par des clous dorés à tête de lion, qui tranchent sur le fond coloré de la sculpture. Cette garniture se retrouve autour de deux plaques du soufflet pour y fixer le cuir qui leur sert de lien.

Notre gravure est exécutée aux deux tiers de l'original.

这件作品上的雕刻物以及做工都有待完善。不过上面的形象和装饰物体现出随性的风格，由此显示出制作者富于想象力，但是我们不得不承认，这不足以说明那一时期的雕刻作品充满激情和活力。

这件作品粗糙简单，上面的形象也有缺点，但是我们无法否认在德伊冯（d'Yvon）先生的众多藏品中，这件作品直接抓住了我们的眼球。

作者想要在旋涡花式的中间展示谁，征服者圣米迦勒（Saint Michael）吗？这一形象和传统的形象相似，而且穿着打扮都像大天使。如果真是这样，那恶魔的形象就是旋涡花式底部被踩踏着的拟人化的奇怪面具。

不过这一关于形象的分析并不重要，我们并没有想利用它做什么。我们必须记得圣米迦勒主管光明、火和风，他的地位决定了他会出现在壁炉上，而他的目的也是要吹火，使火苗燃烧的更旺盛。

这件作品整体都是用木头制成的，暗色调是由于时间的冲刷导致的。只有下面风箱的凸出部位是用金属制成的。在奇特的面具上方，我们能看到两条带子，通过狮子头形状的镀金的钉子钉牢，在雕刻的彩色背景下闪闪发光。风箱的两面都围绕着镶边材料，将连接它们的皮革固定在一起。

我们的雕版规格是原作的三分之二。

The sculpture of this object is far from being perfect, as far as the execution goes. On the contrary, its figures and ornamentation are treated in a careless fashion which denotes, that's true, a certain imagination in its maker, but which, we do confess it, is quite insufficient to give an idea of the fire carvings of that epoch.

In spite of that roughness, of the great simplicity and incorrectness in the figures, one cannot deny to that bellow its decorative qualities, which call at once attention upon it among the other pieces of Mr. d'Yvon's collection.

Is it the conqueror of Satan, that is to say, saint Michael, whom the artist has intended to represent on the central cartouch? Indeed, the personage has much of the traditional figure and dress of the Archangel. If so, the demon, the evil spirit, would be personified by the grotesque mask at the bottom of the cartouch, which the celestial being tramples.

But that is an unimportant point of iconography, and with which we have nothing to do. Yet, we must here call to mind that saint Michael is chief to lightnings, fire and wind, and that consequently, his very place would be on that implement of the hearth, whose destination is to blow and stir up the fire.

The whole of that object is of wood, whose dark hue is owing to time. The only nose of the bellow is of metal. Above the grotesque mask, where the nose is to fit, we see two bands of lace, fastened by means of gilt nails with lion's heads, glaring on the coloured ground of the carving. This trimming is to be seen again round the two plates of the bellow, fastening the leather which binds them together.

Our engraving is execued at two thirds of the original.

6me Année.

N° 171

30 Janvier 1867.

ABONNEMENT ANNUEL
France. . . . 18 fr.
Étranger. . . . 20 fr.
L'Année parue. 25 fr.

L'ART POUR TOUS

ENCYCLOPÉDIE DE L'ART INDUSTRIEL ET DÉCORATIF
Paraissant les 15 et 30 de chaque mois.
PUBLIÉ SOUS LA DIRECTION DE M. C. SAUVAGEOT | FONDE PAR M. EMILE REIBER, ARCHITECTE

A. MOREL
ÉDITEUR
13, rue Bonaparte
Paris.

XVIᵉ SIÈCLE. — SCULPTURE FRANÇAISE.
(LOUIS XII.)

PANNEAUX DE BOISERIE,
APPARTENANT A M. RÉCAPPÉ.

4563

4564

4565

Ces fragments d'une boiserie importante sans nul doute, sont remarquables surtout par la verve avec laquelle ils sont exécutés. Des panneaux sculptés de cette époque se rencontrent fréquemment dans les musées et les collections particulières, mais peu sont empreints de l'esprit et de l'audace d'exécution que nous rencontrons ici.

Des arabesques accompagnent un sujet principal sculpté dans un cadre cintré. Ce sujet doit se rapporter à l'amour, représenté par un enfant nu et ailé. Le motif du panneau central montre, si nous ne faisons erreur, l'amour triomphant de la force figurée par un lion exécuté en dehors de toute règle anatomique.

这些墙板无疑是重要的作品，作者在做工时的想法态度值得我们注意。那一时期雕刻的板子通常会出现在国家或个人的收藏中，但当时很少会有像今天展示的这件作品一样充满力量、作风大胆。

主题伴着蔓藤花饰雕刻成了拱形结构。从赤裸的长着翅膀的孩童可以看出，主题很可能是爱的化身。如果我们没想错的话，在壁板的中间位置我们可以看到丘比特（Cupid）征服了作为力量的化身——一头狮子，这头狮子肯定不符合（身体）结构规则。

These fragmentary pieces, of a doubtless important wainscoting, are specially note-worthy for the spirit with which they were executed. Frequently carved panels of that epoch are seen in national or private collections; but a very few are stamped with the energy and boldness of execution which we meet here.

Arabesques accompany a main subject carved in an arched frame. That very subject is probably a personification of Love, as shown in a naked and winged child. In the motive of the central panel, Cupid is represented, if we are not mistaken, as vanquisher of Strength in the figure of a lion which has certainly nothing to do with anatomical rules.

XVIᵉ ET XVIIᵉ SIÈCLES. — ÉCOLE FRANÇAISE.
(BRONZE ET OR.)

MÉDAILLES HISTORIQUES,
GRANDEUR D'EXÉCUTION.
(COLLECTION DE M. WASSET.)

1566

1567

1568

1569

1570

1571

Cinq de ces médailles sont en bronze. La fig. 1571 seule est en or.

Au point de vue historique et au point de vue du costume, ces médailles sont déjà fort intéressantes, mais elles le sont encore davantage par le mérite de leur exécution. Il est difficile, en effet, de rencontrer un modelé plus savant et plus magistral à la fois. Ces médailles sont, du reste, des plus belles de la riche collection de M. Wasset.

　这些纪念章中有五个都是青铜制品，只有图 1571 是由黄金打造的。

　从历史的角度和他们的装束来看，这些纪念章非常惹人注目，不过如果我们将目光放在做工上，会发现更有趣的地方。确实很难发现比这些作品更为严谨细致、技术纯熟的艺术品了。这些作品是沃斯特（Wasset）先生的众多收藏中的精品之一。

Of these medals, five are in bronze ; fig. 1571 is the only one of gold.

With an eye to history and to the costumes, we find the whole of them very interesting ; but the more so, if we consider the merit of their execution. It is difficult, indeed, to meet a moulding at once more scientific and masterly. Let us add those medals are among the very finest of Mr. Wasset's rich collection.

XIXᵉ SIÈCLE. — ART CONTEMPORAIN.
DÉCORATION PUBLIQUE.

STATUE EN BRONZE DE DOM CALMET,
PAR M. CH. PÊTRE.

Dom Calmet, savant bénédictin de la congrégation de Saint-Vannes, abbé de Senones, est né en 1672 à Mesnil-la- Horgne, près de Commercy en Lorraine.

L'œuvre de ce religieux est considérable et d'une érudition immense ; il faudrait des pages entières pour en faire connaître seulement les titres. Nous citerons comme œuvres principales l'*Histoire civile et ecclésiastique de Lorraine*, l'*Histoire de l'Ancien et du Nouveau Testament*, le *Dictionnaire de la Bible*, l'*Histoire universelle, sacrée et profane*.

Les travaux de Dom Calmet sont restés une source de renseignements précieux pour tous ceux qui s'occupent de recherches historiques.

La statue que nous reproduisons aujourd'hui dans *l'Art pour tous*, est l'œuvre de M. Pètre, qui en a été chargé à la suite d'un concours. Elle a été inaugurée sur l'une des places publiques de Commercy, le 8 janvier 1865, au milieu d'une affluence considérable de population, et sous la présidence de M. Jourdain, membre de l'Institut, délégué par S. Exc. le Ministre de l'Instruction publique.

La statue de Dom Calmet est une belle œuvre, qui devait de droit trouver place dans notre recueil.

Dom Calmet, a learned Benedictine of the congregation of Saint-Vannes and Abbot of Senones, was born in 1672 at Mesnil-la-Horgne, near Commercy, in Lorrain.

The works of that friar are considerable in number and deep in erudition ; whole pages would be required for the mere enumeration of their titles. Let us cite, as the capital ones, the *Civil and religious History of Lorrain*, the *History of the Old and New Testament*, the *Bible's Dictionary*, and the *Universal History, both sacred and profane*.

Dom Calmet's works remain a fountain-head wherefrom draw all intent on historical pursuits.

The statue, which we to-day reproduce in the *Art pour tous*, is by Mr. Pètre, to whom its execution was given away by competition. The inauguration of it took place on one of the public squares of Commercy, in January, 8, of the year 1865, before a great concourse of people and under the presidency of Mr. Jourdain, member of the Institute, as deputy of the Minister of public Instruction.

This statue of Dom Calmet is a fine work rightly deserving a place in our review.

修道院院长卡尔梅（Calmet）是一位博学多才的本笃会修士，是圣瓦纳的会众之一，同时也是瑟诺纳的男修道院院长。1672 年出生于洛林的梅尼拉典尔尼，近科梅尔西。

他的作品不仅数量可观，蕴含的内容也博大精深，列举题目如下：《洛兰的民间和宗教史》《旧约和新约的历史》《圣经词典》《既神圣又亵渎的大学历史》。

他的作品致力于对历史的追溯。

今天为大家展示的这件复刻版的雕塑作者是佩特雷（Petre）先生。这件作品的落成仪式于 1865 年 1 月 8 日在科梅尔西的一个广场举行，当时聚集了很多人，公共教育部副部长茹尔丹（Jourdain）主席出席了活动。

这件优秀的雕塑作品值得我们对其进行评论研究。

DOM CALMET

XVIIᵉ SIÈCLE. — ÉCOLE ITALIENNE.
(COLLECTION DE M. A. FIRMIN DIDOT.)

RELIURE. — COUVERTURE DE LIVRE,
DE DEMETRIO CANEVARI.

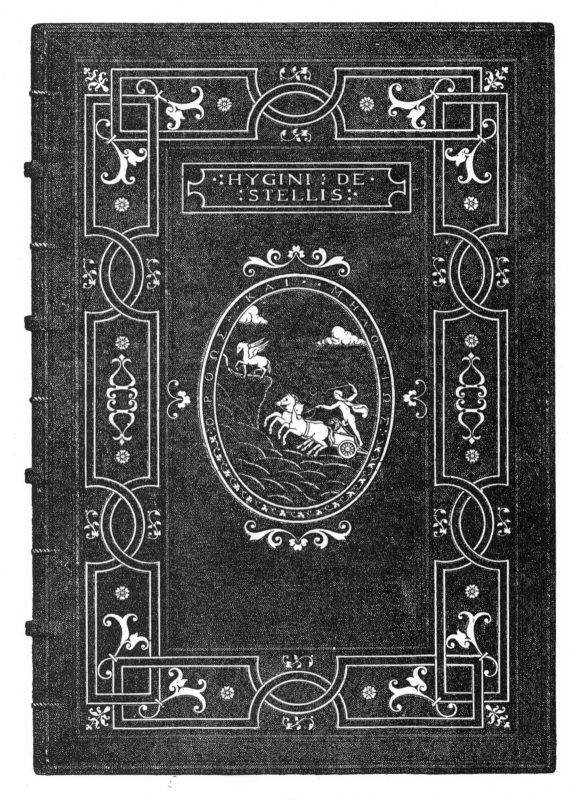

4573

德梅特里奥·卡内瓦里（Demetrio Canevari）是热内亚人，同时也是教皇乌尔班三世的医生。这本书很好认，通过封面上的圆形饰物我们可以看到，阿波罗（Apollo）驾车行驶在云海中。这本关于星星的书由希金（Hygin）所作，我们可以看到天马站在上面的岩石上。

虽然这本书的封面在装饰上还有待提高，不过证明即便是热内亚医生安排的技艺娴熟的工人，也没有舍弃 16 世纪的优雅精致。

Le Génois Demetrio Canevari était médecin du pape Urbain VIII. Les reliures qu'il fit exécuter sont reconnaissables surtout au médaillon qui occupe le centre des plats et qui présente invariablement Apollon conduisant son char sur les flots de la mer. Pégase, sur ce livre *de Stellis*, par Hygin, se voit au sommet d'un rocher.

La reliure ci-dessus, tout en laissant à désirer comme ornementation décorative, prouve cependant que le médecin génois avait à son service des ouvriers habiles, et qui n'avaient point complétement oublié les élégances raisonnées du xvіᵉ siècle.

Demetrio Canevari, a Genoese, was physician to pope Urbain VIII. The book-bindings which he caused to be made are recognizable, above all, by the medallion in the centre of the flats, representing invariably Apollo driving on the sea's waves. Upon this book *De Stellis* (About the stars), a work by Hygin, Pegasus is seen at the top of a rock.

That binding, though it leaves something to be desired in respect of the decorative ornamentation, proves that the Genoese doctor had at his command skilled workers, ones who had not entirely forgotten the sensible elegance of the xvіth. century.

6e
Année.

N° 172

15 Février
1867.

ABONNEMENT ANNUEL
France. . . . 18 fr.
Étranger. . . . 20 fr.
L'Année parue. 25 fr.

L'ART POUR TOUS
ENCYCLOPÉDIE DE L'ART INDUSTRIEL ET DÉCORATIF
Paraissant les 15 et 30 de chaque mois.

PUBLIÉ SOUS LA DIRECTION DE M. C. SAUVAGEOT | FONDÉ PAR M. ÉMILE REIBER, ARCHITECTE

A. MOREL
ÉDITEUR
13, rue Bonaparte
Paris.

XVIIIᵉ SIÈCLE. — CÉRAMIQUE FRANÇAISE.

(LOUIS XV.)

VASE DIT DE FONTENOY.

(COLLECTION DE M. L. DOUBLE.)

CH KREUTZBERGER DEL.

LAMTE SC.

4574

Ce vase est en porcelaine tendre et peinte de Sèvres. Il fut exécuté en double pour le roi Louis XV, à l'occasion de la victoire de Fontenoy. Les sujets des médaillons représentent des épisodes de la célèbre bataille.

这个花瓶是塞夫勒（Sèvres）的搪瓷花瓶，精致细腻、图案优美。在丰特诺伊胜利之时为国王路易十五制作的作品。圆形花饰的中间展示的主题就是那一时期的著名战役。

This vase is in Sèvres porcelain tender and painted. It was executed in duplicata for king Louis XV, on the occasion of the Fontenoy victory. The subjects of the medallions represent episodes of that celebrated battle.

XVIᵉ SIÈCLE. — SCULPTURE FRANÇAISE.
HENRI II.)

PANNEAU EN BOIS SCULPTÉ.
(COLLECTION DE M. BONAFFÉ.)

1575

Ce chef-d'œuvre de sculpture est en bois de noyer. Le temps lui a donné une magnifique couleur ; mais nous ignorons d'où il vient, et s'il est le seul de la boiserie ou du meuble qu'il décorait qui ait été conservé. Hauteur, 1ᵐ,09 ; largeur, 0ᵐ,52.

这件作品是由胡桃木雕刻而成。岁月为其镀上了瞩目的颜色，不过这件作品从哪里来，是否只是由一块胡桃木雕刻而成，还是用来装饰家具的，我们都无从得知。高 1.9 米，宽 0.52 米。

This masterpiece of carving is in walnut. Age has given it magnificent hue ; but where does it come from, and whether it is the only bit of the wainscot, or furniture piece which it once decorated, that has been preserved, we are totally ignorant. Height, 1ᵐ,09 ; width, 0ᵐ,52.

LA TOILETTE DE VÉNUS,
TERRE CUITE PAR CLODION.

(COLLECTION DE M. CARRIER-BELLEUSE.)

XVIIIe SIÈCLE. — ÉCOLE FRANÇAISE.
(LOUIS XVI.)

1576

ANTIQUES. — CÉRAMIQUE GRECQUE.   CHÉNEAUX EN TERRE CUITE.

(MUSÉE NAPOLÉON III.)

1577

Les figures 1577 et 1579 sont des fragments d'une décoration courante surmontant un larmier de couronnement. Ces deux pièces sont très-intéressantes à tous égards. Dans le chéneau supérieur, d'un caractère si étrange, les masques sont variés, tandis que dans le fragment du bas, les masques chevelus et barbus, les groupes de dauphins, sont semblables, et obtenus au moyen d'un moule uniforme.

La figure centrale montre le profil du chéneau supérieur et l'énergie, l'originalité, la verve des masques faisant ici l'office de gargouilles.

❀

图 1577 和图 1579 是飞檐上方的装饰物，这两件作品都非常有趣。从上面的檐沟中我们可以看到奇特的面具，它们形状各异；下面的檐沟展示的是满脸胡须、长着长发的面具，这些面具都很相似，就连海豚都是相同模子制作出来的。

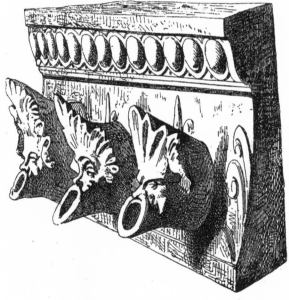

1578

Figures 1577 and 1579 are fragments of a running decoration surmounting a crowning larmier. Those two pieces are quite interesting in every respect. In the upper gutter, of so strange a character, the masks are diversely shaped; whilst, in the lower one, the bearded and long-haired masks are all alike, as well as the dolphins, both being obtained through a similar mould.

The centre figure shows the outline of the upper gutter and the pith, originality and spirit of the masks here serving for water-shoots.

❀

中间的形象展示的是上面檐沟的轮廓以及檐沟的精髓，面具的作用就是充当水流的喷水口。

1579

6me Année.

N° 173

28 Février 1867

L'ART POUR TOUS
ENCYCLOPÉDIE DE L'ART INDUSTRIEL ET DÉCORATIF
Paraissant les 15 et 30 de chaque mois.
PUBLIÉ SOUS LA DIRECTION DE M. C. SAUVAGEOT | FONDÉ PAR M. ÉMILE REIBER, ARCHITECTE

ABONNEMENT ANNUEL
France. . . . . 18 fr.
Étranger. . . . 20 fr.
L'Année parue. 25 fr.

A. MOREL
ÉDITEUR
13, rue Bonaparte
Paris.

ANTIQUES. — CÉRAMIQUE GRECQUE.

FIGURES DÉCORATIVES.

(MUSÉE DU LOUVRE.)

CH. KREUTZBERGER

4380

Cette figure étrange, mais d'un grand caractère, est, à n'en pas douter, de fabrication ardéenne. Nous n'insisterons pas aujourd'hui sur ses divers mérites, mais nous ne manquerons pas de le faire en la montrant prochainement sous d'autres faces.

Le socle sur lequel pose la figure est en bois.

这一形象既奇特又宏伟，无疑是雅顿（Ardean）制造的。在此我们不会赘述其多变的特点，我们很快要介绍这件作品的其他方面。

这件作品的底座是木制的。

This figure, of a strange but grand character, is doubtless of Ardean manufacture. We will not dwell to-day on its divers qualities, as we intend to do it very soon in showing that piece of art in other aspects.

The socle of the figure is of wood.

XVIIe SIÈCLE. — FERRONNERIE FRANÇAISE.   GRILLES EN FER FORGÉ.

(ANCIENNE COLLECTION LE CARPENTIER.)

4581

4582

Ces deux petites grilles, d'une exécution irréprochable, ont conservé des traces de dorure. Le chiffre central de la grille ovale était doré, ainsi que tous les culots et les fleurons. (Moitié de l'exécution.)

这两件栅栏有鎏金的痕迹，其做工无可挑剔。椭圆形的炉栅中间以及所有的章尾花式和花朵都是鎏金的（原作的一半）。

These two small gratings, unexceptionably executed, have still marks of gilding. The central cypher of the oval grate was gilt as well as all the tail-pieces and flowers. (Half of the original.)

MINIATURES SUR VÉLIN.

XVIᵉ SIÈCLE. — ÉCOLE FRANÇAISE.

(COLLECTION DE M. DELAHERSCHE, DE BEAUVAIS.)

4583

这里展示的两个场景是一幅画作中一首诗歌的场景，题为《人类的历史》。这两个场景是从四个场景中挑选出来的。第一幅画展示的是未开化状态下的人：他全身赤裸，头发的颜色是黄褐色；门边的女性也没有穿衣服，正在给孩子喂奶。这个木头小屋就是他们的家；清泉从他们的脚边流过。第二幅场景显示的是恶劣天气中的破败住所；他躺在破床上，身上只盖着破布；他的妻子跪在前面的地上，似乎在向上帝祈祷。

第三幅场景中（也就是此处所示的两幅作品中的一幅），我们可以看到一名男性已经成为了技艺娴熟的工匠。他在工作室里正在制作一件家具，周围是一堆工具。画面中的每一个人都非常忙碌：他的妻子站在旁边纺纱，他们的孩子正在住宅里装饰东西。第四个画面显示的是通过制定秩序和辛勤劳动变得富裕起来，所有人都住在富丽堂皇的府邸中，周围都是奢侈品。

这四幅微型画由特别非常精确，他们的着装都刻画得非常精确。我们要感谢德拉哈斯其（Delahersche）先生让我们有机会复制这两幅 16 世纪珍贵的画作并在此书中刊登。

We only give two scenes out of four from a real poem in painting whose title ought to be «History of mankind.» Indeed, the first picture shows man in a savage state: he is naked and tawny-haired; his female, equally naked, is suckling a child, at the door of a log-hut, their home; a limpid spring runs at their feet. The second scene shows man in dismantled dwelling, open to the inclemency of the weather; he is lying down on a miserable bed, and is only covered with rags; his wife is kneeling on the foreground, and seems to pray to God.

In the third scene (one of the two given), man is seen as having become a skilful artisan. He is in his work-shop, engaged in the execution of a carved piece of household furniture. Every one here is busy: the wife is standing up spinning by her husband and their little one is seen putting chips into a basket. The fourth scene shows the workman who has become rich through order and labour. All are now living in a splendid mansion, surrounded by luxury.

These four miniatures are interesting by their execution, but above all by their costumes which are drawn with a nice exactness. We are indebted to Mr. Delahersche, of Beauvais, for the reproduction in the *Art pour tous* of these two precious pictures of the XVIth century:

Nous montrons seulement deux scènes sur quatre d'un véritable poême peint, qui pourrait s'intitu'er « l'Histoire de l'humanité. » En effet, le premier tableau nous montre l'homme à l'état sauvage ; il est nu et couvert d'un poil fauve ; sa femme, nue également, allaite un enfant à la porte de la hutte qui leur sert de demeure ; une fontaine limpide coule à leurs pieds.

La seconde scène nous montre l'homme dans une masure démantelée, ouverte aux intempéries ; il est couché sur un misérable lit et couvert de haillons ; sa compagne est agenouillée sur le premier plan, et semble invoquer Dieu.

Dans la troisième scène (une de celles que nous montrons), on voit l'homme devenu habile artisan. Il est dans son atelier, occupé à la confection d'un meuble sculpté ; ses outils sont épars autour de lui. Tout le monde est occupé : la femme file debout près de lui, et le jeune enfant ramasse les copeaux dans un panier. La quatrième scène nous montre l'artisan devenu riche par l'ordre et le travail. Ils sont cette fois dans une splendide demeure et entourés d'objets de luxe.

Ces quatre miniatures sont intéressantes par leur exécution, mais surtout aussi pour les costumes dessinés avec une parfaite exactitude. Nous devons à M. Delahersche, de Beauvais, de pouvoir reproduire dans l'*Art pour tous* ces deux précieuses peintures du XVIᵉ siècle.

XVIᵉ SIÈCLE. — FABRIQUE ITALIENNE.

MEUBLES. — ESCABEAUX A DOSSIER.

(COLLECTION DE M. D'YVON.)

我们可以肯定这两件装饰奇特的作品产自意大利。上面的颜色各异（有蓝色、白色、红色和金色）。布满了宝石和通透的玛瑙。造型灵巧，但是良好的构图因滥用涡卷饰遭到破坏。椅背前面部分镶嵌了透明的宝石。上面的部分雕刻着饰物。腿部是三角形拱成了三角幅饰。其中镶嵌着星星。在座椅饰线的位置也都安置着星星。中间的部分是鉴金皮革且有波纹裙装，貂皮底上用蓝色和红色绘制着珍贵的宝石。上面还有一个椭圆形的旋涡花饰。中间雕刻着一个人物形象。这两件艺术品非常有趣，但是恐怕只有上帝知道什么样华丽耀眼的家具置如此奢华的房子里会配。

4584

We are certain these two strangely ornamented pieces are a prouuce of the Italian manufacture. They are painted in different colours (blue, white, red and gold), and enriched here and there with precious stones or pellucid agates. The general form is rather happy, but its nice dispositions are marred by the abuse of cartouches and volutes. The fore part of the back shows the setting of the aforesaid translucent stones. A shell is carved about the place which the head is to reach; two jointed consols are the pediment of the object. The feet, consol-shaped, are sown on three faces, with inlaid stars. As for the frame, properly said, of the seat, it also shows stars disposed along the moulding. The central part is in goffered and gilt leather, and, on an ermined ground, a blue and red painted H detaches itsel.. The after part of the back ornated, like the front, with precious stones, contains a carved portrait in an elliptic cartouch.

Taken as they are, those two do not certainly lack interest. But God alone knows what was the house wherein the furniture was in keeping with such stools so rich and with so fulgid a decoration.

Les fabriques italiennes ont produit assurérent ces deux meubles étrangement ornés. Ils sont peints de diverses couleurs (bleu, blanc, rouge et or) et enrichis par places de pierres ou d'agates lumineuses.

La forme générale est assez heureuse, mais l'abus des cartouches et des volutes vient en détruire les bonnes dispositions. La face du dossier montre, enchâssées, les pierres translucides dont nous venons de parler. Une coquille est sculptée à la hauteur de la tête; deux consoles adossées et formant fronton terminent le meuble. Les pieds, en forme de console, sont semés, sur trois faces, d'étoiles incrustées. Quant au cadre du siége proprement dit, il montre aussi des étoiles disposées sur la moulure. La partie centrale est en cuir gaufré et doré, et un H en bleu et en rouge se dessine sur un fond semé d'hermine. Le revers du dossier, enrichi comme sa face de pierres précieuses, contient, dans un cartouche elliptique, un portrait sculpté.

Pris isolément, ces deux siéges ne manquen, pas d'un certain intérêt, et la couleur en est brillante et harmonieuse. Mais quel devait être le mobilier entier de l'appartement, pour être en harmonie avec ces riches escabeaux, d'un ton si puissant si éclatant ?

6me Année.

N° 174

15 Mars 1867.

ABONNEMENT ANNUEL

France. . . . . 18 fr.
Étranger. . . . 20 fr.
L'Année parue. 25 fr.

L'ART POUR TOUS
ENCYCLOPÉDIE DE L'ART INDUSTRIEL ET DÉCORATIF

Paraissant les 15 et 30 de chaque mois.

PUBLIÉ SOUS LA DIRECTION DE M. C. SAUVAGEOT | FONDÉ PAR M. ÉMILE REIBER, ARCHITECTE

A. MOREL
ÉDITEUR
13, rue Bonaparte
Paris.

XVIᵉ SIÈCLE. — FABRIQUE FRANÇAISE.

MEUBLES. — CRÉDENCE EN NOYER.

(COLLECTION DE M. RÉCAPPÉ.)

1585

Cette crédence, qui doit dater de la fin du XVIᵉ siècle, est une des plus remarquables que nous ayons vues. Les lignes, c'est-à-dire les moulures, sont simples et nettement accusées, les profils d'un bon goût et conservant, comme le meuble entier du reste, un souvenir des formes architecturales.

Les pieds sont parfaitement agencés avec cariatide au centre et griffe à la base, tandis que la partie centrale qu'ils ont pour mission de soutenir est ornée de masques, de fleurons et de godrons dans toute la longueur.

La seconde partie du meuble montre, supportant la corniche supérieure, quatre balustres évidés, faisant office de colonnes et terminés par un chapiteau ionique.

这件橱柜可能是 16 世纪末的作品，是目前我们见到的最引人瞩目的作品之一。线脚线条干净利落，外形优美，整件作品都显出建筑特点。

我们能看到底部是女神柱，女神柱的下面是利爪，它支撑和装饰着面具、鲜花和椭圆形浮雕饰的中间的部分。

上半部分显示的是四根缕空的栏杆柱，支撑着上面的飞檐，顶部是爱奥尼克式柱头。

This credence, which probably belongs to the end of the XVIth century, is one of the most remarkable that we ever saw. The lines, that is to say the mouldings, are simply and clearly given, the profiles are of a good style and keep up, like the whole object, let it be said, a remembrance of the architectural forms.

The feet are perfectly arranged with caryatids at the top and claws at the base, whilst the central part, which they support, is ornated with masks, flowers and godroons, all along its width.

The second portion of the piece shows four hollowed balusters, serving as columns, which support the upper cornice and are crowned with an Ionic capital.

ENCENSOIRS EN CUIVRE ET EN BRONZE.

XIIe SIÈCLE. — ORFÉVRERIE FRANÇAISE.

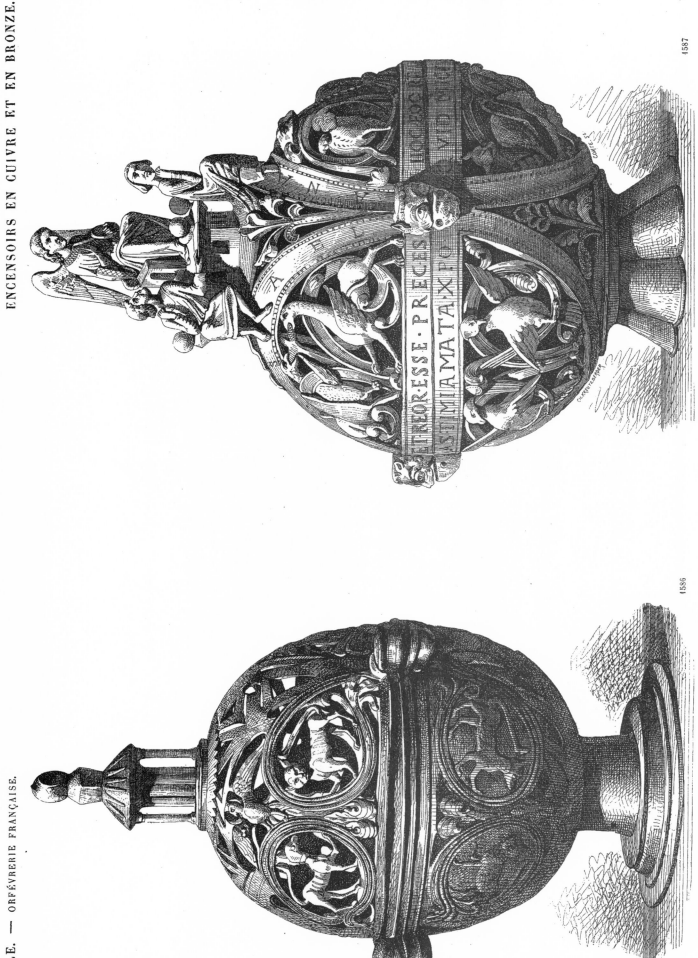

1587

1586

La figure 1586 est en bronze et montre un encensoir d'époque romane dont la décoration est encore brutale. Il appartient à M. Leroy-Ladurie. La figure 1587 est tout un poème de composition symbolique. Des copies de ce magnifique encensoir existent dans le commerce. (Voyez le *Dictionnaire du mobilier français*, par M. Viollet-le-Duc, et les *Annales archéologiques*, de Didron, où il se trouve décrit.)

Fig. 1586 is in bronze and represents a censer of romant epoc; whose decoration is still rough. Its owner is Mr. Leroy-Ladurie. Fig. 1587 is a whole poem of symbolic composition. Imitations of that magnificent censer exist in the trade. (See *Dictionnaire du mobilier français*, by Mr. Viollet-le-Duc, and Didron's *Annales archéologiques*, where its description is to be found.)

图 1586 展示的是罗马时期的青铜香炉，上面的装饰还很粗糙。勒罗伊·拉杜里（Leroy-Ladurie）先生拥有这件艺术品。图 1587 展示的是一首充满象征意味的诗。在贸易中会出现这鼎香炉的仿制品。[参见维奥勒拉·杜克（Viollet-le-Duc）先生的《Dictionnaire du mobilier francais》以及狄狄德龙（Didrou）的《Annales archeologiques》，其中有详细的描述和解释]

XVIIIᵉ SIÈCLE. — CÉRAMIQUE FRANÇAISE.   AIGUIÈRE EN FAÏENCE ÉMAILLÉE.

1588

Par la forme, le dessin et la couleur, cette aiguière des fabriques de Rouen est très-remarquable et peut même passer pour un des plus beaux objets de ce genre. (Musée de Cluny. Fonds Levéel.)

这个产于鲁昂的水罐无论是形状还是图案颜色都非常出色，可以视为该类艺术品中最优秀的作品之一。［克吕尼博物馆，勒韦尔（Levéel）收藏］

This ewer of Rouen manufacture is remarkable for its shape, drawing and colour; it is likewise esteemed as one of the finest objects of this kind. (Cluny museum, Levéel collection.)

XVIIIᵉ SIÈCLE. — ÉCOLE FRANÇAISE.
(LOUIS XV.)

(COLLECTION DE M. LE MARQUIS LAU D'ALLEMANS.)

BUSTE DE Mᵐᵉ DU BARRY.
TERRE CUITE PAR PAJOU.

1589

Tout le monde connaît l'histoire de madame Du Barry, mais tout le monde est loin de connaître le magnifique buste de cette personne historique sculpté par Pajou. Avant d'exécuter en marbre le buste qu'on voit au Louvre, l'artiste en modela un en terre cuite et l'exposa au Salon de 1771. C'est ce buste que nous avons fait dessiner et graver. Il est au dernier degré délicat, spirituel, agréable à voir. On sent à sa vue qu'il est ressemblant, et l'on est presque tenté d'excuser les folies du vieux roi Louis XV.

Les sculpteurs du xviiiᵉ siècle, à défaut de véritable grandeur, avaient au moins beaucoup d'esprit. Ils s'aperçurent promptement combien l'argile se prêtait à rendre leurs libres caprices, et presque tous ont laissé des bustes charmants et très-réussis. Celui-ci est un des plus remarquables, et explique assez l'étrange fortune du modèle.

人人都知道杜巴丽（Du Barry）夫人的故事，但是很少有人熟悉帕茹（Pajou）雕刻的她的半身像。在雕刻大理石像之前，这件作品在卢浮宫展出，该艺术家用陶土仿制出该塑像，并于1771年在艺术展中展出。这件半身像精致无比，使人眼前一亮。当你看到她时就会发现这件半身像堪称完美，进而也能理解路易十五对她的迷恋了。

18世纪的雕刻家追求宏伟的气势，但是缺乏创造力。他们能迅速算出作品创作需要多少黏土，而且几乎每一个艺术家都为世人留下了做工精致的半身像。这就充分解释了这件充满活力、令人瞩目的作品中所蕴含的奇缘。

Every one knows madame Du Barry's history, but every few are acquainted with her bust sculpted by Pajou. Before executing in marble the bust to be seen in the Louvre, this artist modelled one in terra cota, and exposed it at the Exhibition of the Fine-Arts, in 1771. It is this very bust which we have had drawn and engraved. It is one of infinite delicacy, sprightly and pleasant to the eye. At the sight of it, one feels that its likeness is perfect, and is rather tempted to excuse the infatuation of old king Louis XV.

The sculptors of the xviiith. century, wanting in real grandness, were not, at least, deficient in intelligence. They promptly perceived how much the clay was ready to give a shape to their wildest fancies; and nearly every one of them has left nice busts nicely executed. This is one of the most remarkable, and one that gives a sufficient explanation of the strange fortune of the lively model.

6me Année.

N° 175

30 Mars 1867.

ABONNEMENT ANNUEL
France. . . . . 18 fr.
Étranger. . . . 20 fr
L'Année parue. 25 fr.

L'ART POUR TOUS

ENCYCLOPÉDIE DE L'ART INDUSTRIEL ET DÉCORATIF

Paraissant les 15 et 30 de chaque mois.

PUBLIÉ SOUS LA DIRECTION DE M. C. SAUVAGEOT | FONDÉ PAR M. ÉMILE REIBER, ARCHITECTE

A MOREL
EDITEUR
13, rue Bonaparte
Paris.

XVᵉ SIÈCLE. — SCULPTURE ITALIENNE,

(ÉCOLE DE PADOUE.)

LA VIERGE ET L'ENFANT JÉSUS,

BAS-RELIEF EN BRONZE.

(COLLECTION DE M. HIS DE LA SALLE.)

这件壁龛展示的是怀抱着婴儿基督，站在那里的是圣母玛利亚（Virgin）。在壁龛的墙壁平柱的线脚上，两个天使立在非常高的底座上，逗弄着玛利亚怀中的婴儿。在这幅作品的下面有四个可爱的天使，弹奏着不同的乐器。

但是我们真的要把注意力放在备受尊敬的玛利亚和她儿子的浮雕上吗？艺术家难道不是想要表现围绕着儿童的慈善形象吗？这是保罗·曼茨（Paul Mantz）先生的想法，我们也是这么认为的。不过这件青铜作品风格细腻精致，你能发现其中所体现出来的意大利南部流派的风格和做工特点，实属罕见。该特点在维斯康蒂（Viscontis）和斯福尔扎（Sforzas）时期的伦巴第得到了繁荣发展。我们认为这件意大利浅浮雕作品可以追溯到 15 世纪末。

CH. KREUTZBERGER. DEL.

4590

COMTE SC.

In a flat niche, the holy Virgin is seen standing and bearing the infant Christ. Beside her, on a moulding of the piedroits of the niche, a kind of very high base, are two angels sporting with her divine child. At the foot of the composition and in lovely attitudes, four other figures, angels too, play on divers instrumen

But are we really to see in that admirable bass-relief the Virgin and her son? Is it not rather the symbolic figure of Charity surrounded with children that the artist intended to represent? Such is the opinion of Mr. Paul Mantz, and we are indeed not far from thinking so, too. However, this bronze has a great character as well as an exquisite style; it is a rare work wherein are to be found the spirit and execution of the schools of northern Italy, which, at the epoch of the Viscontis and Sforzas, were flourishing in Lombardy. We believe this Italian bass-relief is to be brought to the credit of the last years of the xvth. century.

La Vierge, debout dans une niche méplate, porte l'enfant Jésus dans ses bras. A ses côtés et sur une moulure des piédroits de la niche, sorte de soubassement très-élevé, sont deux anges jouant avec l'Enfant-Dieu. Au bas de la composition et dans des attitudes ravissantes, quatre autres figures (des anges aussi) jouent de divers instruments.

Mais devons-nous bien voir dans cet admirable bas-relief la Vierge et l'enfant Jésus? L'artiste n'a-t-il pas voulu plutôt représenter la figure symbolique de la Charité entourée d'enfants?

M. Paul Mantz est de cet avis, et nous ne sommes pas éloigné non plus de penser comme lui.

Quoi qu'il en soit, ce bronze est d'un grand caractère et d'un style exquis; une œuvre rare où l'on retrouve le sentiment, le faire des écoles du nord de l'Italie qui, au temps des Visconti et des Sforza, travaillaient en Lombardie.

Nous croyons que ce bas-relief italien doit remonter aux dernières années du xvᵉ siècle.

XVI° SIÈCLE. — FABRIQUE FRANÇAISE.

HORLOGE EN CUIVRE DORÉ.
(COLLECTION DE M. DUTUIT, DE ROUEN.)

A cause de la multiplicité des détails qui ornent cette horloge, et aussi à cause de leur finesse, nous l'avons fait graver à une échelle un peu plus grande que l'original.

La forme générale est carrée. Quatre petits lions assez grotesques supportent l'objet. Les frises qui se voient à la base et au-dessous de la corniche sont ornées de grecques ajourées. La coupole, surmontée d'une statuette ailée, est conçue dans le même esprit, ainsi que quatre motifs, dont l'un se trouve disposé sous le cadran. Ce dernier est en argent, et les ornements emblématiques qui l'entourent sont gravés au burin. Sur la face qui se trouve reproduite sur notre gravure, nous remarquons Mercure et une femme portant une corne d'abondance et des balances, qui doit personnifier la justice.

Il est difficile de trouver un sens aux sujets découpés à la base de l'objet, mais ceux de la coupole ont rapport aux sciences exactes et figurent peut-être quelques-uns des arts libéraux.

On account of the many ornaments, with which this clock is enriched, and of their very fineness, we have had it engraved on a scale a little larger than the original.

The general form is square. Four small lions, rather grotesque, support the object. The friezes seen at the base and beneath the cornice are ornated with set off frets. The cupola, crowned with a winged statuette, is of the same style, and so are four motives, one of which is under the dial. This last one is of silver, and the emblematic ornaments with which it is surrounded are engraved. On the side reproduced in this our engraving, we mark Mercury and a female holding a cornucopia and a pair of scales, who is probably a personification of justice.

It is difficult to give the sense of the subjects carved on the base of the object; but those on the cupola have reference to the exact sciences or perhaps personify the liberal arts.

考虑到这件钟表作品上的装饰物极其精致，我们的雕刻物比原作的规格大了一些。

整体来看这件艺术品的形状是方形的，四只形态怪诞的小狮子支撑着这件作品。底座上装饰着饰带，檐板上方装饰有回纹饰。穹顶的顶端立着一个长着翅膀的雕塑，和四个主题风格相同，其中一个在表盘下面。最后一个是银制的，周围雕刻着具有象征意味的装饰物。我们在进行雕版复制时注意

到墨丘利 (Mercury) 以及一名托着丰饶角饰和天秤的女性，这可能是"公正"的拟人化形象。

很难判断雕刻在钟表下面的这部分内容所表达的主题，不过穹顶上的内容涉及到精密的科学，也可能是"自由艺术"的拟人化形象。

ANTIQUES. — FONDERIES GRÉCO-ROMAINES.   BRONZES. — CANDÉLABRES.

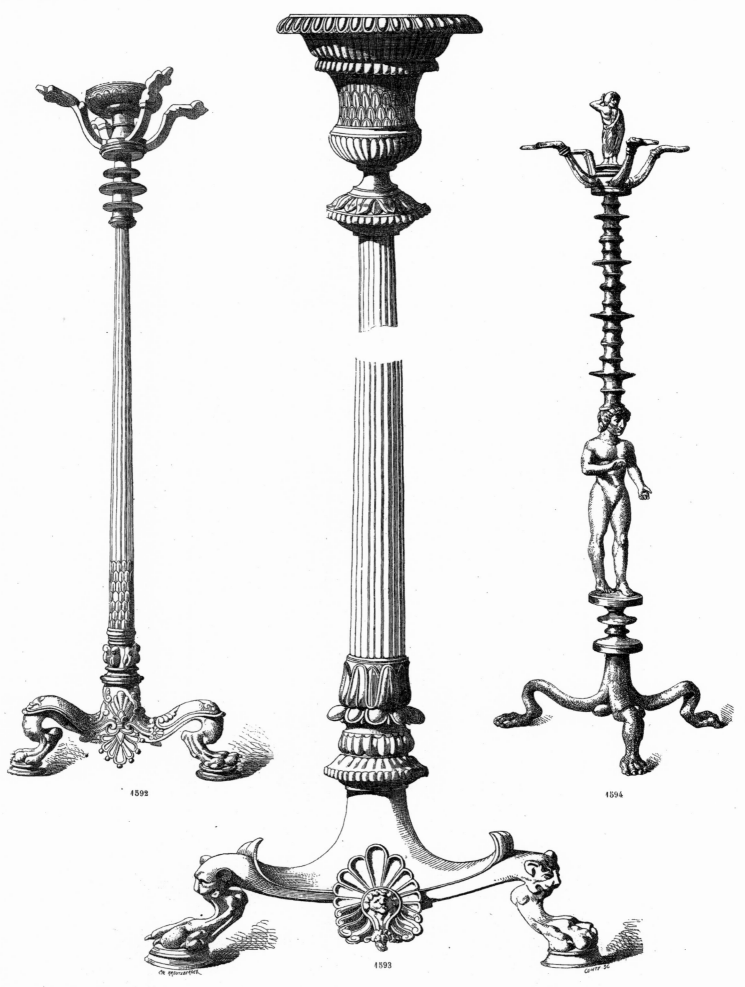

Les figures 1592 et 1594 portent des branches destinées à soutenir des vases au-dessus de la place des lampes. La petite statuette qui couronne la fig. 1594 s'enlève à volonté.

Le candélabre représenté fig. 1593 a été trouvé dans les ruines de Pestum.

图 1592 和图 1594 的支架用来放置花瓶，比灯要更高一些。图 1594 的这个小型的雕像可以根据个人意愿移除。

图 1593 展示的是一只在帕埃斯图姆的废墟中找到的烛台。

Fig. 1592 and 1594 have branches made to bear vases higher than the lamps. The diminutive statuette, with which fig. 1594 is crowned, can be removed by will.

The candelabrum, represented in fig. 1593, has been found in the ruins of Pæstum.

COFFRET EN IVOIRE,
GRANDEUR DE L'EXÉCUTION.

IXᵉ SIÈCLE. — ÉPOQUE CARLOVINGIENNE.
(COLLECTION DE M. GERMEAU.)

The height of this object is eighteen, and its width twenty four centimetres. It presents a great analogy with a jewel casket of the same epoch, published in the fifth year of the *Art pour tous* (p. 627).

It is wholly in ivory, with the exception of the fastening, which is of copper. The frame at the extremities, and between each subject, contains stellate flowers whose style rather calls to mind the Romance ornamentation. Three panels are seen on each face, all showing in bass-relief, scenes of battle, struggles between animals and between animals and men. The coping is rather naif, but yet not without a certain style, and the ensemble of the object is really effective.

Thanks to the kindness of Mr. Germeau we have been enabled to give the engraving of that remarkable piece from his precious collection.

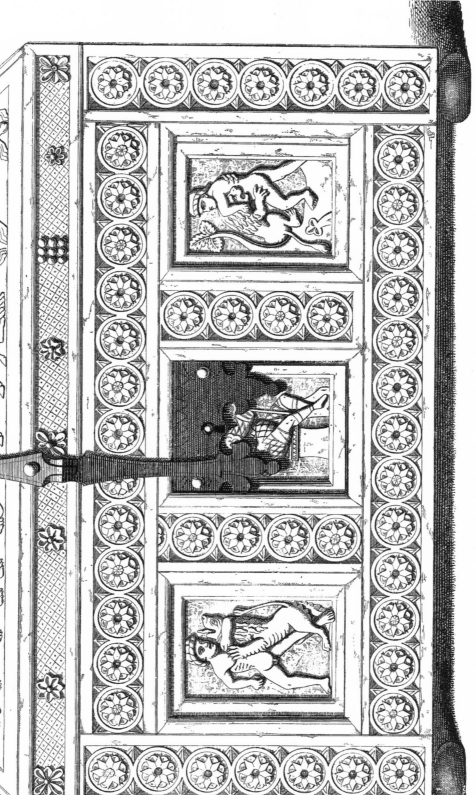

4395

des chimères sculptées dans des attitudes diverses. Tout cela est bien un peu naïf, mais non dépourvu cependant d'un certain style, et l'ensemble de l'objet est vraiment d'un bon effet. Nous devons à l'obligeance de M. Germeau de pouvoir montrer la gravure de cet objet remarquable, extrait de sa précieuse collection.

La hauteur de cet objet est de 18 centimètres et la largeur de 24. Il offre une grande analogie avec un coffret à bijoux de même époque, publié dans la 5ᵉ année de l'*Art pour tous* (page 627).

Il est tout entier en ivoire, à l'exception de la fermeture qui est en cuivre. La bordure qui règne aux extrémités et entre chacun des sujets, est ornée de couronnes contenant des fleurons étoilés, dont le caractère rappelle assez l'ornementation romane. Trois panneaux se voient sur chaque face, et tous montrent, en bas-relief, des sujets de combats, luttes d'animaux entre eux, et luttes d'hommes et d'animaux. Le rampant du sommet contient des bêtes et surtout

这件艺术品高18厘米，宽24厘米。这里展示的作品和此书第五年（参见第627页）刊登的同一时期的珠宝箱相似。

除了上面的锁是铜制的以外，剩下的基本上全部是由象牙打造的。边缘这部分是由繁星状的花朵，它的风格让我们想到了罗马的装饰物。我们可以看到有三块浮雕的嵌板。顶部的更为

每个主题之间的框架，以及放着的花朵，它的风格让我们想到了罗马的装饰物。我们可以看到有三块浮雕的嵌板。

都装饰着搏斗和动物与人之间的搏斗场景。顶部的风格朴实，但是没有特定的风格，上面所有的装饰物特点鲜明。

感谢热尔姆（Germeau）先生的慷慨大方，让我们能够复刻这件珍贵的藏品。

Nº 176

6e Année.

15 Avril 1867.

ABONNEMENT ANNUEL
France . . . . 18 fr.
Étranger . . . . 20 fr.
L'Année parue. 25 fr.

L'ART POUR TOUS
ENCYCLOPÉDIE DE L'ART INDUSTRIEL ET DÉCORATIF
Paraissant les 15 et 30 de chaque mois.
PUBLIÉ SOUS LA DIRECTION DE M. C. SAUVAGEOT | FONDÉ PAR M. ÉMILE REIBER, ARCHITECTE

A. MOREL
ÉDITEUR
13, rue Bonaparte
Paris.

XVIIᵉ SIÈCLE. — FABRIQUES FRANÇAISES.   COUTEAU, GAINE ET TROUSSE.

(COLLECTIONS DE MM. L. BACH ET DE LAJOLAIS.)

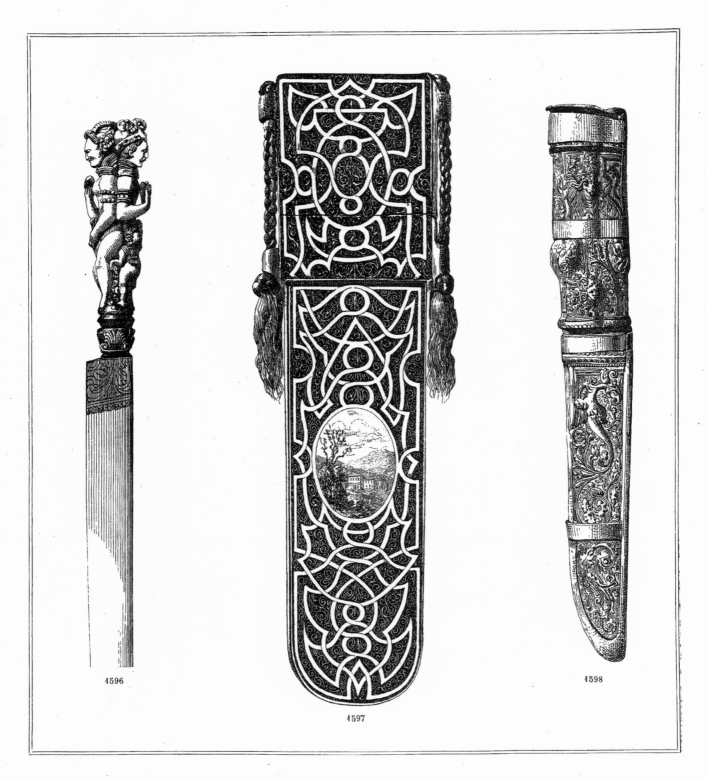

1596

1597

1598

La fig. 1597 montre une trousse de médecin ou de pharmacien. Elle est en cuir et décorée sur les quatre faces d'entrelacs ingénieux, au centre desquels courent des ornements dorés d'une grande finesse. Dans la partie inférieure un cadre ovale contient un paysage lumineux. (A M. Léon Bach.)

Le couteau (fig. 1596) est à manche d'ivoire. La partie où s'adapte la lame est en cuivre doré et la lame garnie à sa naissance d'ornements gravés.

La fig. 1598 est la gaîne de ce couteau; elle est en cuir noir avec ornements en relief et attaches en métal. (A M. Louvrier de Lajolais.)

图 1597 展示的是一名医生或化学家的工具盒套，它是由皮革制成的，四个面都装饰着技艺精湛的缠绕花纹，底部装饰着鎏金饰物，极其精致细腻。下面这部分是椭圆形的，其中展现的是一幅风景。[属于利昂·巴赫（ Leon Bash ）先生]

这把刀子的刀柄是象牙制成的（图 1596）。刀刃是铜制鎏金材料，靠近刀柄的部分点缀着众多装饰物。

图 1598 是刀子的刀鞘，黑色的皮革上点缀着浮雕装饰物，上面还有金属扣带。[属于卢夫里耶·拉乔莱斯（ Louvrier de Lajolais ）先生]

Fig. 1597 shows a doctor's, or chimist's dressing-case. It is of leather and decorated, on the four sides, with skilfully worked twines, the ground of which is embellished with gilt ornaments of a rare fineness. In the lower part, an oval frame contains an airy landscape. (Belongs to Mr. Léon Bach.)

The knife (fig. 1596) has an ivory handle. The portion into which the blade fits is of gilt copper, and the blade itself is enriched near to the handle with engraved ornaments.

Fig. 1598 is the sheath of that knife; it is of black leather with ornamentation in relief and with metallic ties. (Belongs to Mr. Louvrier de Lajolais.)

XVIᵉ SIÈCLE. — ÉCOLE FRANÇAISE.
(COLLECTION DE M. A. FIRMIN DIDOT.)

COUVERTURE DE LIVRE
POUR LE RECEVEUR JEAN GROLIER.

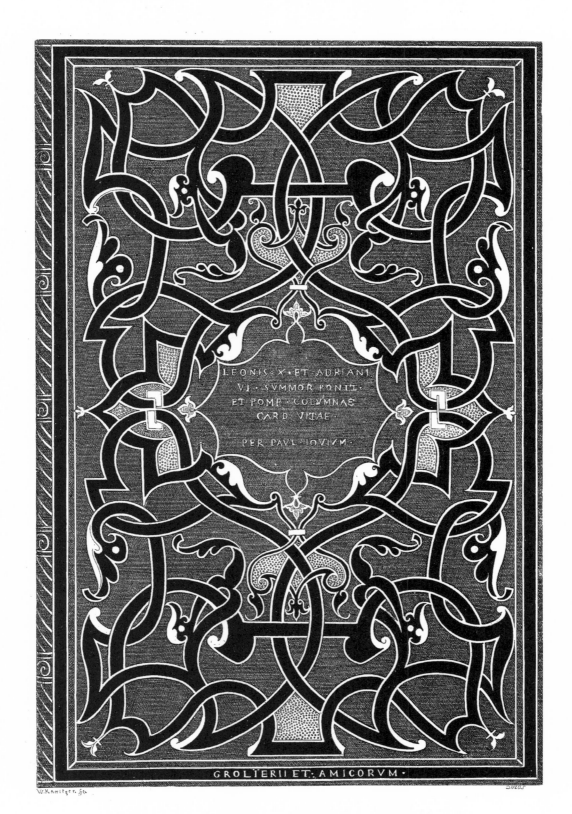

4599

Grolier, ayant été dès 1512 trésorier du roi à Milan, prit dans cette ville le goût des beaux livres et des belles reliures. Celle que nous reproduisons dans ce numéro nous paraît être au moins aussi italienne que française. Elle peut avoir été exécutée selon les données de Grolier et sous sa direction, pendant les premières années de son retour en France, alors qu'il professait uné vive admiration pour les imprimeurs et relieurs italiens.

Les couleurs de cette couverture sont : noir, or, argent, et brun pour le fond. On lit sur l'autre face PORTIO MEA DOMINE SIT IN TERRA VIVENTIVM.

自 1512 年起，格罗里埃（Grolier）就喜欢上了精装书籍和封面，那时他已经是米兰国王的财务主管了。对我们来说此页刊登的作品既像意大利也像法国的艺术品。可能是按照格罗里的想法或他给出的方向进行制作的，在他回到法国的头几年，他依然很欣赏意大利的印刷和图书装订工。

这件封面的颜色有：黑色、金色、银色以及棕色。在另一面你会发现这些拉丁文字：PORITO MEA DOMINE SIT IN TERRA VIVENTIVM。

From having been king's treasurer in Milan, as soon as 1512, Grolier got a liking for fine books and bindings. The one reproduced in the present number seems to us at the least as much Italian as French. It may be it was executed from Grolier's idea and under his direction, during the first years of his return to France, whilst he was still full of admiration for the Italian printers and book-binders.

The colouring of this one bindings is : black, gold, silver, and brown for the ground. On the other face one may read those Latin words : PORTIO MEA DOMINE SIT IN TERRA VIVENTIVM.

ACCESSOIRES DE TABLE.
SUCRIERS POUR LE SUCRE EN POUDRE.

XVIIIe SIECLE. — CÉRAMIQUE FRANÇAISE.
FAIENCES DE ROUEN.

Un pas de vis existe vers le centre de ces objets, à l'endroit qui a reçu quelques moulures comme décoration. Le couvercle, troué de petits orifices variés de forme, s'adapte alors sur la partie inférieure, et de ces trous sort la poudre cristalline destinée à saupoudrer les mets. Le fond général de ces trois objets de table est blanc et les ornements sont de diverses couleurs; mais le bleu, soit clair, soit foncé, y domine. Nous croyons inutile d'insister sur la gracieuseté de la forme et l'heureuse disposition des ornements dont la gîeté réjoui it la vue.

在这些作品中我们可以发现螺旋槽，同时还有一些作为装饰的饰线。盖子上是经过切割而产生的不同的孔隙，通过这些孔隙可以直接看到容器内部，星星点点的阳光点缀在容器里的食物上。这三件桌上的用具底色是白色的，上面的装饰物颜色各异；不过不管是浅蓝色还是深蓝色都十分醒目，我们无需在此赘述这些艺术品有多么精致细腻。其装饰物的灵巧构图令人大饱眼福。

There is the channel of a screw at the centre of these objects, where some mouldings have been put for the sake of decoration. The lid, pierced with small variously cut apertures, fits in this fashion to the inferior part, and through these holes the crystalline dust emitted with which to sprinkle the viands. The general ground of these three table utensils is white with ornaments of various colours; but blue, whether light or dark, is predominant. It is needless to dwell upon the gracefulness of the shape of each piece, and upon the happy disposition of its ornaments with which the eye is delighted.

4600 4601 4602

170

XIIIᵉ SIÈCLE. — FERRONNERIE FRANÇAISE.

GARDE-FEU EN FER FORGÉ.

(ANCIENNE COLLECTION LE CARPENTIER.)

4603

Quelques parties de cette belle grille, que nous n'hésitons pas à faire remonter jusqu'au xiiiᵉ siècle, ont conservé quelques traces de dorure; ce sont notamment les attaches et les fleurons du sommet. Cette œuvre de ferronnerie d'un autre âge est aujourd'hui dans un assez mauvais état.

我们有意将这件精致的金属栏杆的生产时间推迟到 13 世纪，部分能显示出鎏金的痕迹，尤其是顶部的鲜花。这件铁器作品年代久远，如今已变得破败不堪。

Some parts of this fine railing, whose manufacturing we deliberately put back as far as the xiiith. century, still keep traces of gilding; particulary the ties and flowers of the top. This iron work of a past age is now in rather a dilapidated condition.

Gme Année.

N° 177

30 Avril 1867.

ABONNEMENT ANNUEL.

France . . . . 18 fr
Étranger . . . . 20 fr.
L'Année parue. 25 fr.

L'ART POUR TOUS

ENCYCLOPÉDIE DE L'ART INDUSTRIEL ET DÉCORATIF

Paraissant les 15 et 30 de chaque mois.

PUBLIÉ SOUS LA DIRECTION DE M. C. SAUVAGEOT | FONDÉ PAR M. ÉMILE REIBER, ARCHITECTE

A. MOREL
ÉDITEUR
13, rue Bonaparte
Paris.

XVᵉ SIÈCLE. — ÉCOLE FRANÇAISE.

(HENRI IV.)

COFFRET EN BOIS SCULPTÉ.

(COLLECTION RECAPPÉ.)

1604

Le couvercle de ce petit coffre s'arrondit en forme de voûte, particularité que l'on rencontre assez souvent dans les meubles de ce genre fabriqués aux xviᵉ et xviiᵉ siècles. Le corps du coffret est soutenu par des pilastres étranges, au milieu desquels se voient, au centre d'un médaillon, une grotesque figure soutenant une colonne et qui doit personnifier la force, et de chaque côté deux figures de femmes nues dans des niches. Le couvercle, divisé en caissons, montre dans chacun de ceux-ci des figures nues et à demi couchées ; la figure du caisson central manque.

L'exécution de ce coffret est un peu grosse, mais hardie toutefois et assez décorative. Ces sortes de meubles ne trouvaient pas place dans des appartements si vivement éclairés que les nôtres, et leur sculpture était traitée en conséquence.

这只贵重物品箱的盖子是弧形的，16世纪和17世纪这类的家居物品通常都是这一形式。我们可以看见箱子上的古怪壁柱，壁柱中间是一个圆形饰章，里面有一个古怪的人物形象正托着一根柱子，也许是"力量"的人格化，在壁龛的两个边角分别站着赤裸的女性形象。盖子上有分隔出来的隔间，每一个隔间中都有半躺着的裸露的人物形象，不过中间隔间是空白的。

这件作品的做工相当粗糙，不过风格大胆，上面的装饰物优质上乘。这些摆在房间中的家具不会像我们的家具一样显眼，上面的雕刻物也是依此制造的。

The lid of this small coffer is rounded arch-like, a particular form often given to household pieces of that kind in the xvith. and xviith. centuries. In the chest's frame are seen odd pilasters, between which exist, in a central medallion, a grotesque figure holding a column, probably a personification of strength, and, at each side, in niches, two naked female figures. The cover has compartments, in every one of which are also naked figures in half recumbent attitudes. The figure of the central compartment is wanting.

The execution of that little trunk is rather rough, yet bold and with decorative qualities. Such pieces of furniture were not placed in rooms so well lighted as ours, and their sculpture was made accordingly.

XVIIIᵉ SIÈCLE. — ORFÉVRERIE FRANÇAISE.
(LOUIS XVI.)

(COLLECTION DE M. L. DOUBLE.)

BRULE-PARFUM EN BRONZE
CISELÉ ET DORÉ.

Ce qui domine dans cet objet de la collection de M. Double, c'est une parfaite élégance et une harmonie incontestable entre toutes les parties. Il est inutile d'ajouter que la ciselure en est parfaite, comme dans toutes les pièces de ce genre fabriquées à cette époque.

Ce brûle-parfum, pièce décorative s'il en fut, séduit non-seulement par ses lignes, par sa gracieuse silhouette, il est encore très-réussi au point de vue de la coloration générale, obtenue par l'emploi de diverses matières. Ainsi le socle, en forme de trépied, est de marbre blanc, cerclé de moulures dorées. Les trois figures, cariatides à gaînes d'une si rare élégance, sont en bronze foncé, tandis que les guirlandes de fleurs et de fruits qui leur servent pour ainsi dire de chaîne ont reçu partout la dorure. Les feuilles de lierre rampant sur les gaînes sont dorées aussi, de même que la corbeille du sommet.

La partie inférieure ou cuvette de la cassolette est revêtue d'un émail bleu très-intense, et la galerie ajourée qui succède à la cuvette, et d'où s'échappe la fumée des parfums, est en cuivre doré.

Nous publierons prochainement les pièces qui accompagnent cet objet et forment avec lui une des plus charmantes décorations de cheminée qu'il soit possible d'imaginer.

The most predominant features of this object from Mr. Double's collection, are a perfect elegance and an unquestionnable harmony of all its parts. It is needless to add that its chasing is perfect, as seen in all articles of the same kind and epoch.

This perfume-burner, a really decorative piece, commands the admiration not only by its form and graceful outline, but also by its happy colouring due to the use of diverse materials. So the pedestal, tripod-shaped, is of white marble encircled with gilt mouldings. The three caryatids with sheathy ends, so wunderfully elegant, are in dark bronze, whilst the garlands of flowers and fruits, which bind the one to the others, are gilt all over. So are the ivy leaves on the terminals as well as the basket at the top.

The inferior part, or basin of the perfume-pan, has a coating of very vivid blue enamel, and the open-worked gallery, which comes after the basin and through which fume away the sweet vapours, is of copper gilt.

We intend to soon publish the pieces matching with that object and forming with it the most delightful set of chimney ornaments that imagination may conceive.

达布尔（Double）先生的这件藏品最显著的特征是其堪称完美的精致细腻以及各部分毋庸置疑的和谐统一。不用说你也能发现上面的雕花优雅精细，这一时期同类型的作品都具备这样的优点。

这件香炉上的装饰精良，不仅形状为人称赞，其轮廓也优美动人，不同材质的使用令其颜色轻快和谐。其三脚架形的底座是由白色大理石制成的，上面镶着一圈鎏金饰线。三根优雅精美的黑古铜色女像柱以鞘状为末端，水果和鲜花编织成的花环彼此连结，到处都镀了金。底端的常春藤和上方的篮子也是一样的风格。

下面的部分也就是底盘是铜制鎏金材料，镀了一层鲜艳的蓝色搪瓷，芳香的水蒸气在开放的画廊中扩散开来。

我们打算尽快刊登和这件艺术品相匹配的作品，以此组成一套超乎想象、赏心悦目的壁炉装饰物。

XVIe SIÈCLE. — FERRONNERIE FRANÇAISE.

(HENRI II)

(COLLECTION DE M. LEROY-LADURIE.)

VERROUS EN FER FORGÉ

DE PROVENANCES DIVERSES.

这里展示的六件平面门栓展现了 16 世纪中期法国铁艺的工艺水平。要不是亲眼所见，你可能意识不到这些作品都是由铁器加工而成。

图 1606 显示的是亨利二世的盾形标牌。我们看到顶端展示的法国的纹章，周围围绕着圣米迦勒（Saint-Michael）勋章；中间是国王的交织字母，下面是月亮女神黛安娜（Diana）的新月，它们缠扰着彼此，旁边是弓和箭，所有都体现出来女神和戴安娜·普瓦捷（Diane de Poitiers）的特征。这件作品很可能来自安奈城堡。

1606

1607

1608

1609

1610

1611

Les six exemples de verrous ou targettes que nous présentons montrent à quel degré de perfection l'art de la ferronnerie française était arrivé vers le milieu du xvie siècle. On a peine à s'imaginer, quand on n'a pas les objets sous les yeux, qu'ils ont été exécutés en fer.

La fig. 1606 montre un verrou aux armes de Henri II ; en haut sont les armes de France entourées du collier de l'ordre de Saint-Michel, au milieu le monogramme du roi, et plus bas les croissants enlacés de Diane avec l'arc et les flèches qui sont les attributs de cette déesse et ceux de Diane de Poitiers. Cet objet doit provenir du château d'Anet.

The six samples of flat bolts, which we give here, show the degree of perfection which the art of turning the iron to accounts had reached in France, towards the middle of the xvith. century. One can scarcely realize, when these objects are not under one's eyes, that they are executed in iron.

Fig. 1606 shows a bolt with the scutcheon of Henry II. The arms of France are seen at the top, with the collar of the order of Saint-Michael around : in the middle, the king's monogram, and lower the twisted crescents of Diana with the bow and arrows, the whole being attributes both of the goddes and of Diane de Poitiers. That piece has most probably come from the castle of Anet.

ACCESSOIRES DE TABLE.

AIGUIÈRES EN ARGENT ET EN BRONZE.

COLLECTION DE MM. DUTUIT DE ROUEN ET D'IVON.

XVIe SIÈCLE. — ORFÉVRERIE FRANÇAISE.

(HENRI II.)

1613

1612

La fig. 1612 est en étain et exécutée par François Briot, qui travailla sous Henri II. La forme en est assez heureuse. La fig. 1613 est en argent repoussé et moins gracieuse de forme que la précédente.

图 1612 展示的这件锡制品，出自法国亨利二世统治时期的弗朗西斯·布里奥（Francis Briot）之手，该艺术品的形状灵巧。图 1613 是银制艺术品，不如之前的作品精致。

Fig. 1612 is of pewter and from the hand of Francis Briot, who was working in the reign of Henry II of France. The shape of it is rather happy. Fig. 1613 is in silver, and less graceful than the former.

6me. Année.

N° 178

15 Mai 1867.

ABONNEMENT ANNUEL
France . . . . 18 fr.
Étranger . . . 20 fr.
L'Année parue. 25 fr.

L'ART POUR TOUS
ENCYCLOPÉDIE DE L'ART INDUSTRIEL ET DÉCORATIF
Paraissant les 15 et 30 de chaque mois.
PUBLIÉ SOUS LA DIRECTION DE M. C. SAUVAGEOT | FONDÉ PAR M. ÉMILE REIBER, ARCHITECTE

A. MOREL
ÉDITEUR
13, rue Bonaparte
Paris.

XVIᵉ SIÈCLE. — FABRIQUE ITALIENNE.

MEUBLES. — ESCABEAUX A DOSSIER.

1614

1615

L'exécution de ces siéges sculptés laisse peut-être à désirer, mais leur agencement est ingénieux. Le meuble présenté fig. 1614 est mieux conçu et décoré que son voisin : la silhouette en est plus simple et dépourvue de ces sortes de découpures d'un goût contestable que nous remarquons à la fig. 1615. Cependant, disons que le dossier de ce dernier objet, pris isolément, est une chose remarquable et d'une exécution soignée. Toutefois le premier escabeau est préférable en tous points, et si nous avions à en faire fabriquer, nous n'hésiterions pas à nous en inspirer.

(Voy. page 692, deux escabeaux fabriqués également en Italie.)

这些经过雕刻的椅子在做工方面还有待提高，不过它的布局却独具创意。图 1614 展示的椅子比旁边的这件更加优秀，其线条简洁朴素，不过图 1615 中那把椅子切割雕刻的品位更加高雅。不过这把椅子的靠背做工精致、谨慎小心。从整体来看，第一把凳子略胜一筹，如果我们要制作一把这样的椅子，我们会绝对会选其为典范。(参见第 692 页，另外两把椅子也同样是意大利制造)

These carved seats leave perhaps something to be desired in their execution, but not in their arrangement which is ingenious. The piece shown in fig. 1614 is superior, for conception and decoration, to its neighbour, and its outline is simpler and less uncumbered with those cuttings of a questionable taste, as may be seen in fig. 1615. Let us add howewer that the back of this very one, taken separately, is a remarkable thing of careful execution. Yet the first stool is preferable in the whole, and were we to have one made for us, we should not hesitate to give it as a pattern.

(See, p. 692, two other seats likewise of Italian make.)

XVIᵉ SIÈCLE. — FABRIQUES FRANÇAISES.
(COLLECTION DE M. D'ARMAILLÉ.)

ARMES OFFENSIVES. — ÉPÉE.
GRANDEUR DE L'EXÉCUTION.

« En tête des armes offensives, a écrit M. Paul de Saint-Victor, brille l'épée, la plus noble de toutes, le symbole de la force et du commandement. De tout temps l'épée a fait partie de l'homme de guerre : on ne l'imagine pas plus sans elle que le lion sans ongles et l'aigle sans serres. La langue du moyen âge en parle comme d'une chose vivante, et on la baptisait comme une chrétienne qu'elle était. »

L'épée est la seule arme des temps anciens que nous ayons conservée ; mais elle semble, comme beaucoup d'autres armures, approcher de sa fin. Elle n'est plus guère considérée que comme symbole du commandement. Le fusil à aiguille, avant-coureur d'engins plus terribles encore, est destiné à faire bon marché des épées, des

cuirasses et des casques. L'épée deviendra en quelque sorte un objet d'art ou d'archéologie, qu'il sera curieux d'étudier, car il aura joué un rôle important dans l'histoire des civilisations qui nous ont précédés.

L'arme que nous présentons aujourd'hui appartient à M. D'Armaillé et peut passer pour une des plus belles qui aient été exécutées. Elle porte la date de 1555 et se trouve parfaitement conservée.

Le sujet de la garde est le rapt d'Hélène, tandis que le sujet inférieur montre la ville de Troie (TROOE).

Les nielles sont d'or sur fond noir, à l'exception des cordons de petites perles qui cernent les contours et qui sont d'argent.

«Headmost of offensive arms, as Mr. Paul de Saint-Victor hat it, shines the sword, the noblest of all, a symbol of might and command. In every time, was it not, so to say, a part of the warrior ? The one is not more imagined without the other than a lion without claws, or an eagle without talons. In the middle-ages, the sword is spoken of as a living, and was baptized as a christian creature. »

The sword is the only arm of antiquity which we have retained ; but it seems, as many other warlike implements, drawing near to its end. Nowadays it is considered as little more than the sign of authority. The needle-gun, a precursor of still more formidable weapons, is destined to drive out sword, cuirass and helmet. In a manner, the sword is to become an object of art or archæology, curious to study for the important part it performed in the great drama of the anterior civilization : let it be so !

The arm, which we show to-day, belongs to Mr. D'Armaillé, and it may be looked on as one of the finest ever executed. It bears the date of 1555 and is in a perfect state of preservation.

The subject on the guard is the Rapt of Helena, and the lower one shows the city of Troie (TROOE).

The nielloes are of gold on a blak ground, with the exception of the rows of small pearls which mark and follow the contours, and they are of silver.

正如圣维克多（Paul de Saint-Victor）所言，攻击性武器的首选当属闪闪发光的利剑，它象征着权利和控制力，是最高贵的。无论何时，它不都是战士的一部分吗？没有利剑的战士就仿佛没有利爪的狮子和雄鹰。中世纪利剑被人们当做谋生之道，而且要作为基督教徒接受洗礼。

利剑是我们现在所能保留的唯一的古董武器；但是似乎很多其他与战争有关的武器都几乎绝迹了，如今人们把它当作权威的象征。针枪作为令人敬畏的武器先驱，注定要替代利剑、胸甲和头盔。在一定程度上，利剑已经成为艺术品或古物了，只有在古文明的伟大戏剧中才会扮演的重要角色。

今天我们向大家展示的这件武器属于阿尔迈莱（D'Armaille）先生，它可能被视为工艺最精致的艺术品之一，可追溯到 1555 年，整体保存完好。

上面的主题是"抢夺海伦（Helena）"，下面的主题是"特洛伊城"。

乌银镶嵌品的背景是黑色的，不过轮廓上镶嵌的小珍珠是银制的。

1616

CARIATIDES. — GAINES.
(COLLECTION DE M. RÉCAPPÉ.)

XVIIᵉ SIÈCLE. — SCULPTURE SUR BOIS.
(LOUIS XIII).

4624

4620

4619

4618

4617

These fragments, of the same epoch, are from pieces of household furnitures in whose decoration they were playing an important part.

这些作品的碎片都产于同一时期,是家居用品上的重要装饰物。

Ces fragments, d'une même époque, proviennent de meubles sculptés, où ils jouaient un rôle décoratif important.

MUSEROLLES EN FER CISELÉ.

AU MUSÉE DE CLUNY A PARIS.

XVIe SIÈCLE. — FABRIQUES ALLEMANDES.

COLLECTION DE M. SPITZER.

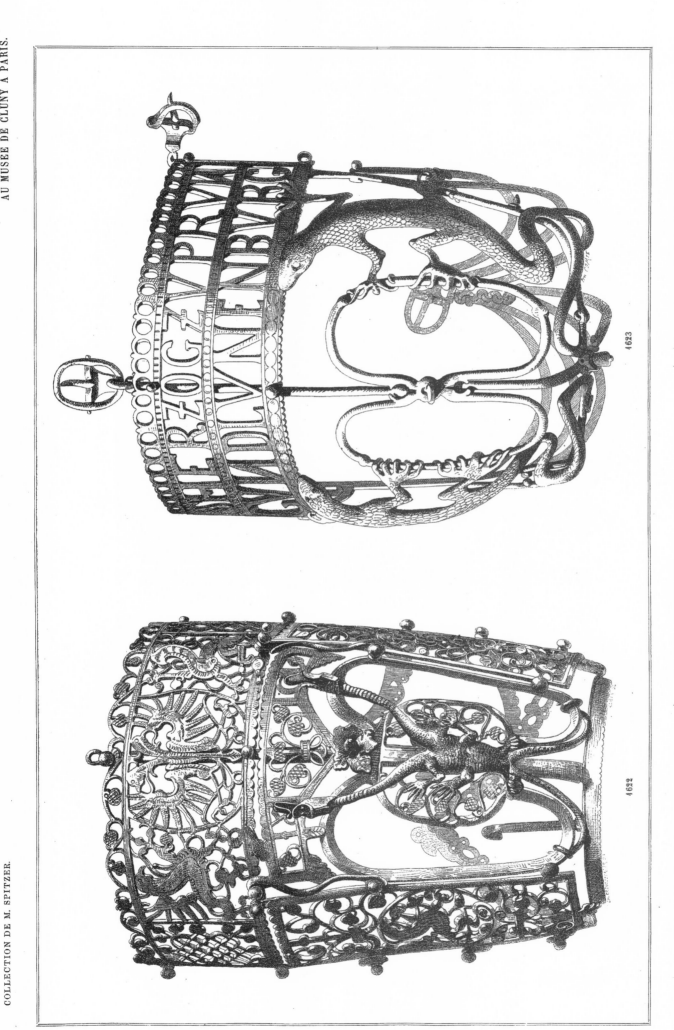

1623

1622

Ces muserolles sont l'une et l'autre d'origine allemande. Celle montrée fig. 1622 est aux armes d'Autriche et porte la date de 1564. Le centre en est occupé par une chimère en salamandre à double tête et double queue. Le travail en est très-soigné. La seconde muselière, fig. 1623, est décorée de lézards et porte une inscription à jour. Elle est moins riche que la précédente.

These musroles, or nose-bands, have both a German origin. The one shown in fig. 1623, bears the arms of Austria and the date of 1564. Its centre is occupied by a double-headed and double-tailed chimera or salamander. It is very carefully worked. The second muzzle, fig. 1623, is decorated with lizards and bears an inscription in open-worked letters. It is not so rich as the first one.

这些（马的）鼻罩都起源于德国。图 1622 的作品展示的是奥地利的纹章，可以追溯到 1564 年。中间是一只用有两个头和两个尾巴的喙迈拉（Chimera）或蝾螈，做工精细。图 1623 展示的这个口套上装饰着蜥蜴以及镂空的字母，但是不如前面的这个作品的装饰物多。

6me Année.

N° 179

30 Mai 1867

ABONNEMENT ANNUEL
France. . . . . 18 fr.
Étranger. . . . 20 fr.
L'Année parue. 25 fr.

L'ART POUR TOUS
ENCYCLOPÉDIE DE L'ART INDUSTRIEL ET DÉCORATIF
Paraissant les 15 et 30 de chaque mois.
PUBLIÉ SOUS LA DIRECTION DE M. C. SAUVAGEOT | FONDÉ PAR M. ÉMILE REIBER, ARCHITECTE

A. MOREL
ÉDITEUR
13, rue Bonaparte
Paris.

XVIIIe SIÈCLE. — ÉCOLE FRANÇAISE.
(LOUIS XV.)

LES TROIS GRACES. — PENDULE EN MARBRE,
PAR E. FALCONET.

(COLLECTION DE M. L. DOUBLE.)

说到这件古老的钟表，狄德罗（Diderot）说：它展示了万物，节省了时间。虽然这句话是这位哲学家说的，但是路易·菲力普（Louis-Philippe）国王认为这句妙语是自己说的，并且会重复这句话。但是我们要如何接受这两位名人对于福尔肯尼（Falconet）作品的态度呢？可能既有不满也有赞赏。我们承认，近乎赤裸的人物形象使人们忽略了缺失的时间，只有在花瓶瓶身部位有指示时间的数字，不过这里展示的美惠三女神精致典雅。这些形象是艺术家用白色的大理石打造而成的，抛开我们的以及之前更加严肃的批评，除了这件作品，该作者的其他作品在很多方面也都受到人们赞赏。对于高赛尔斯（Gouthieres）的壁炉来说是补充物，同时也正是这件作品放置的位置。

1624

Speaking of this historical clock, Diderot was wont to say : « It shows everything, save the time. » King Louis-Philippe repeated that witticism and to him it was generally attributed; it belongs to the philosopher, though. But how are we to accept the judgment of these two differently celebrated men about Falconet's work ? Perhaps both as a blame and as a praise; for let us confess that, whilst its naked and lively figures make one forget the absence of the hours, a few of which are indicated at random upon the vase's belly, yet the three Graces are really elegant and graceful. We do not dare to reproach the sculptor of the xviiith. century with the creation of that light piece of work, we were on the verge of writing, with the commission of that slight sin. But we say deliberately that we should by far prefer to see less natural and plump, but chaster, figures shaped by the artist out of that fine block of white marble. Despite our critics and the stronger ones which have been expressed before by others, on this head, Falconet's group is and will remain a work admired, ou more than a point; it certainly stands a happy complement of the beautiful chimney by Gouthières, upon which it is placed.

Diderot disait de cette pendule devenue historique : « Elle montre tout, l'heure exceptée. » Le roi Louis-Philippe répéta ce mot spirituel, et c'est à lui qu'on l'attribue généralement, mais il est bien du philosophe. Est-ce un reproche, est-ce un éloge que ces deux personnages diversement célèbres ont voulu formuler sur l'œuvre charmante de Falconet ? C'est peut-être l'un et l'autre, et si la nudité et le réalisme des figures font oublier les heures indiquées, du reste pour la forme, dans la panse du vase central, il faut avouer aussi que les trois Grâces sont bien élégantes et bien gracieuses. Ce n'est pas nous qui oserons jeter le blâme au sculpteur du xviiie siècle pour avoir commis cette œuvre légère, nous allions dire ce léger péché. Toutefois, avouons-le, nous aurions préféré voir tailler dans ce beau bloc de marbre blanc des figures un peu moins naturelles, un peu plus chastes peut-être, et un peu moins *rondelettes* que celles-ci. Malgré nos critiques et celles plus vigoureuses qui les ont précédées, le groupe de Falconet reste et restera une œuvre remarquable à plus d'un titre ; il est un complément heureux, dans les salons de M. Double, de la belle cheminée de Gouthières sur laquelle il a pris place.

XVIᵉ SIÈCLE. — ÉCOLE BOURGUIGNONNE.   MEUBLES. — STALLE EN BOIS SCULPTÉ.

Dès le commencement du moyen âge, la Bourgogne montrait déjà, en ce qui concerne la sculpture, des œuvres remarquables à plus d'un titre, et offrant un caractère particulier et bien tranché avec la sculpture des autres provinces françaises.

Au xvᵉ et au xvіᵉ siècle, l'école bourguignonne continue à marquer dans les fastes de l'art et à produire des œuvres où la verve, l'esprit et l'élégance se remarquent avant tout. Soit sur le bois, soit sur la pierre, les ciseaux de ce pays atteignent à une grande habileté d'exécution et à une fécondité surprenante. Le xvіᵉ siècle est encore remarquable au point de vue qui nous occupe ; mais à partir du siècle suivant, la sculpture dijonnaise se confond avec celle des autres pays. Ce n'est plus une école à part et digne d'être proposée comme modèle.

La stalle que nous montrons ici peut passer pour un des beaux objets sculptés au xvіᵉ siècle en Bourgogne. Les lignes en sont belles et simples ; les moulures, quoique ornées, sont bien à leur place, et la décoration du milieu du dossier est d'un goût parfait. Ajoutons que l'exécution entière du meuble répond à son heureux agencement décoratif.

La partie inférieure est disposée en forme de coffre, et les accoudoirs sont formés à l'extrémité de têtes de bélier, portées par un élégant balustre.

From the very beginning of the middle ages, Burgundy was able to show, with regard to carved works, pieces remarkable for more than a quality and stamped with a particular character and with a style quite different from the sculpture of the other provinces of France.

Along the xvth. and xvіth centuries, the Burgundian school keeps on a distinguished place in the history of art and produces works wherein skill, spirit and elegance are specially remarkable. Either on wood or on stone, the chisel of the artists of that country attains a great skill in executing and a wonderful fecundity. The xvіith. century is still to be noted in that respect ; but from the beginning of the following age, Dijon sculpture is immerged in that of other French countries. It is no more a particular school worthy of being offered as an example.

The stall we give to-day may be taken as one of the beautiful objects carved in the Burgundy of the xvіth. century. Its lines are both fine and simple ; its mouldings, although rather ornamented, are in nice keeping with the whole, and the decoration of the middle of the back of the seat is in perfect style. Let us add the execution of that piece responds throughout to its happy decorative arrangement.

The lower part is disposed in the shape of a coffer, and the elbow-rests are formed of two ram's-heads, each at one extremity, supported by an elegant baluster.

中世纪初，勃艮第所生产的雕刻制品就以其优质独特的特点著称，其风格和法国其他省份的雕刻风格完全不同。

15 世纪和 16 世纪，勃艮第学派就在艺术的长河中以其精湛的技艺、饱满的热情和精致的做工占据卓越的地位。不论是木质还是石质，勃艮第艺术家的雕刻作品不仅做工上乘，数量也非常可观。18 世纪仍享有盛誉，但是在接下来的时间里，第戎雕刻开始出现在法国的其他国家。于是勃艮第不再值得

我们将其视为特别的流派单独介绍。

今天展示的这件作品可以称为 16 世纪勃艮第最美的雕刻作品之一；线条精美简洁，虽然饰线的装饰复杂，但是和整体风格保持一致，椅子背面的中间的装饰物堪称完美。这件作品中装饰物的构图非常灵巧。

下面这部分是一个宝箱的形状，肘托的位置是两个公羊的脑袋，由精致的栏杆柱支撑。

1625

APPARTENANT A M. DE BEAUCORPS.

东方，他也因此带回来很多优秀的艺术品，今天我们介
个小盖子，装饰着白色的搪瓷鲜花。

4626

M. de Beaucorps a voyagé assez longtemps en Orient, d'où il a rapporté les beaux objets d'art que l'on admire maintenant dans sa collection. Le vase que nous présentons ici, et qui provient de cette collection, attire le regard par sa forme singulière, mais non dépourvue de caractère. Il est en cuivre doré, décoré partout de gravures au burin et d'inscriptions obtenues par le même procédé. Le petit couvercle du sommet de l'anse est orné de fleurs blanches en émail. Le métal est fort épais. Hauteur de l'objet, 32 centimètres.

德博科尔（De Beaucorps）先生花了很长时间游览东方，他也因此带回来很多优秀的艺术品，今天我们介绍的这个水壶就是他的藏品之一，该水壶以其奇特的造型和特点抓住了我们的眼球。该铜制鎏金作品上布满了雕刻的花纹，上面还有雕刻师的题词。提手的顶端有一个小盖子，装饰着白色的搪瓷鲜花。该金属材质的作品非常薄。作品高 32 厘米。

Mr. de Beaucorps has travelled rather long in the East, where-from he has brought the fine pieces of art which may be now seen and admired in his collection, such as the vase which we show here and which draws one's attention by its form rather odd but not without character. It is of copper gilt, decorated all over with engravings and inscriptions written through the graver. The small lid at the top of the handle is ornated with flowers in white enamel. The metal is of great thickness. Height of the object, 3½ centimetres.

XVIIIe SIÈCLE. — ORFÉVRERIE FRANÇAISE.
(LOUIS XVI.)

(MOBILIER DE LA COURONNE.)

CANDÉLABRE D'APPLIQUE,
CISELÉ ET DORÉ.

Cette pièce, qui fait partie du mobilier de la couronne, est de la même époque et de la même fabrication que le grand candélabre que nous avons montré l'an dernier page 570.

Le travail de ciselure est d'un mérite au moins égal, et le caractère des ornements, l'arrangement général dénotent que ces deux pièces ont passé par les mains des mêmes artistes. On peut aisément se faire une idée d'un salon ou d'une galerie éclairée par des candélabres de cette dimension et de ce style, les uns disposés sur les tables et les cheminées, et les autres, en plus grand nombre, appliqués de distance en distance sur les parois de la salle. Ce devait être une décoration éclatante et de haut goût.

La fin du XVIIIe siècle a été en France une époque précieuse

pour l'orfévrerie. La plupart des pièces exécutées à cette époque, et parvenues jusqu'à nous, sont marquées au coin d'une véritable perfection. Si la composition, l'agencement laissent parfois à désirer, jamais en revanche l'exécution n'est imparfaite, et les meilleurs artistes ciseleurs de nos jours atteignent difficilement à ce degré d'habileté.

Le système décoratif adopté pour le candélabre ci-contre consiste au centre en un vase allongé, orné de masques humains et de guirlandes de fruits, qui se termine en bas par des touffes de feuilles de chêne et au sommet par un ruban de suspension. Des branches enroulées et feuillagées partent en plusieurs directions du motif central et portent les bougies destinées à répandre la lumière.

4627

去年我们在第 570 页刊登了一支烛台，和此页展示这件皇家家居用品属于同一时期，同一生产者。

两件作品的雕刻工艺旗鼓相当，通过上面装饰物的特点以及整体布局能发现是出自同一艺术家之手。你可以想象这种烛台摆在桌子和壁炉架上，照亮了走廊或美术馆，还有一些有序的挂在房间里的墙上。这是多么精致华丽的装饰啊。

对于法国尤其是银匠艺术来说，18 世纪末是一个令人瞩目的时期。大部分作品都呈现在我们眼前，它们是如此完美。如果构图和布局的技巧不复存在了，这些作品还有值得改进的地方，那么一定不会是其做工有瑕疵或缺陷，我们这一时期最优秀的雕刻师也很难达到那样的技艺。

这支烛台的中央是一个拉长了的花瓶，上面装饰着面具和水果组成的花环，底部是一丛棕榈叶，顶部是悬挂着的缎带。扭在一起的树叶型分支从中间向不同方向伸展开来，上面装着蜡烛，光亮洒向四周。

This piece, which belongs to the crown household furniture, si of the same epoch and from the same manufacture that the great candelabrum which we reproduced last year page 570.

Its chiselling is, at the least, on a par with the other's, and the character of the ornaments as well as the general arrangement show that both pieces have come from the hand of the same artists. One can easily form and idea of a hall or gallery lighted by candelabra of that dimension and style, the ones put on tables and chimney-pieces, the others more numerous hanging at the walls of the room in orderly rows. A very fine and shining decoration was so obtained.

The end of the XVIIIth. century was a remarkable epoch, in France, for the silversmith's art. Most of the pieces then executed and which have com to us, bear the stamp of a real perfection. If their composition and arrangement leave now and then something to be desired, never indeed is their execution imperfect, and the best chasers of our own time do not reach easily the degree of skill so displayed.

The decorative system made use of in this candelabrum consists, at its centre, of an elongated vase ornated with human masks and garlands of fruits, ending at the bottom in tufts of oak-leaves, and at the top in a suspension ribbon. Twisted and leafy branches spring in different directions out of the central motive and bear the light-dispensers, to wit, the wax-candles.

6me Année.

No 180

15 Juin. 1867.

L'ART POUR TOUS

ENCYCLOPÉDIE DE L'ART INDUSTRIEL ET DÉCORATIF

Paraissant les 15 et 30 de chaque mois.

PUBLIÉ SOUS LA DIRECTION DE M. C. SAUVAGEOT | FONDÉ PAR M. ÉMILE REIBER, ARCHITECTE

ABONNEMENT ANNUEL

France. . . . . 18 fr.
Étranger. . . . 20 fr.
L'Année parue. 25 fr.

A. MOREL
ÉDITEUR
13, rue Bonaparte
Paris.

XVIᵉ SIÈCLE. — ECOLE NAPOLITAINE.

BAS-RELIEF EN MARBRE.

D'APRÈS UN MOULAGE DU MUSÉE D'ARTILLERIE.

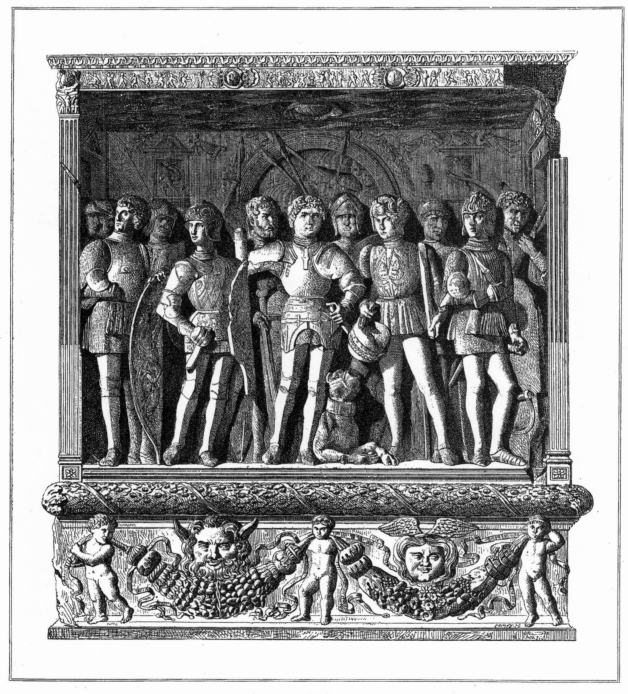

1628

Ce bas-relief représente l'entrée d'Alphonse V, roi d'Aragon, dans la ville de Naples, et faisait partie de l'arc-de-triomphe élevé autrefois dans cette ville.

Un autre bas-relief, de même provenance, et dont le Musée d'artillerie possède également un moulage, montre le triomphe proprement dit du monarque.

Ces deux monuments peuvent être placés au nombre des meilleures sources à consulter sur les armes offensives et défensives de la seconde moitié du xvᵉ siècle. (Les originaux sont à Naples.)

这件浅浮雕展示的是阿拉贡的国王阿方索（Alphonso）进入那不勒斯城的景象，我们看到的是建立在城中的凯旋门的一部分。

另一件浮雕作品也源于同一件艺术品，在法国巴黎荣军院也有石膏模型，展示了胜利的景象，确切来说展示了王权。

我们可以通过这两件艺术品研究学习 15 世纪中后期用于防卫和进攻的武器。（真品在那不勒斯）

In that bass-relief the entrance is represented of Alphonso, King of Aragon, into the city of Naples, and it is a portion of the triumphal arch once erected in that town.

Another bass-relief from the same part and origin, and of which the «Musée d'artillerie» has also a plaster moulding, shows the triumph, properly said, of the monarch.

These two monuments may be placed among the best pieces wherefrom one can study the offensive and defensive arms of the second half of the xvth. century. (The originals are in Naples.)

XVIᵉ SIÈCLE. — ARCHITECTURE FRANÇAISE.

(HENRI II.)

DÉCORATION — PUITS EN PIERRE

A LANGRES (HAUTE-MARNE).

1629

Ce gracieux édicule, élevé vers le milieu du xviᵉ siècle, se voit encore aujourd'hui à Langres, rue du Cardinal-Morlot, dans la cour d'une maison de cette époque. Cette maison est remarquable par sa décoration tout entière, et maints fragments de sculpture mériteraient assurément les honneurs de la publicité. Nous nous bornerons à en montrer le puits si artistement conçu, si original et bien exécuté, où le pittoresque de la nature et du temps est venu ajouter avec bonheur aux lignes de l'architecture.

这座精致的建筑大概可以追溯到 16 世纪中期，现在你仍可以在朗格勒的莫尔罗大街上看到它，花园中的府邸也属于同一时期。该房屋的整体装饰令人瞩目，其中很多的雕刻物都值得我们刊登出来。但是在此我们只能展示它的精美构图、富有独创的个性、灵巧的做工、自然的轮廓，该古迹保留完好。

This graceful little fabric, erected about the middle of the xvɪth century, is still to be seen, at Langres, in Cardinal-Morlot street, and within the yard of a mansion of the same epoch. This house is remarkable for the whole of its decoration, and certainly a great many carved pieces here deserve the honours of being published. But we must confine ourselves to show its well so artistically composed, with so much originality, so happily executed and to whose architectural outlines nature and time have so wonderfully given the last touch.

XIXe SIÈCLE. — ART CONTEMPORAIN.   DÉCORATION PEINTE DU CLOITRE
(PEINTURES MURALES.)   F. DUBAN, ARCHITECTE.   A L'ÉCOLE DES BEAUX-ARTS.

ROUSSEAU DEL   1631   1630   1632 AD. LÉVIÉ, LITH.
Imp. Lemercier et Cie, Paris

CANDÉLABRES EN ARGENT ET EN BRONZE.

COLLECTION DE MM. DIVON ET SPITZER.

XVIIe SIÈCLE. — FABRIQUE FRANÇAISE.

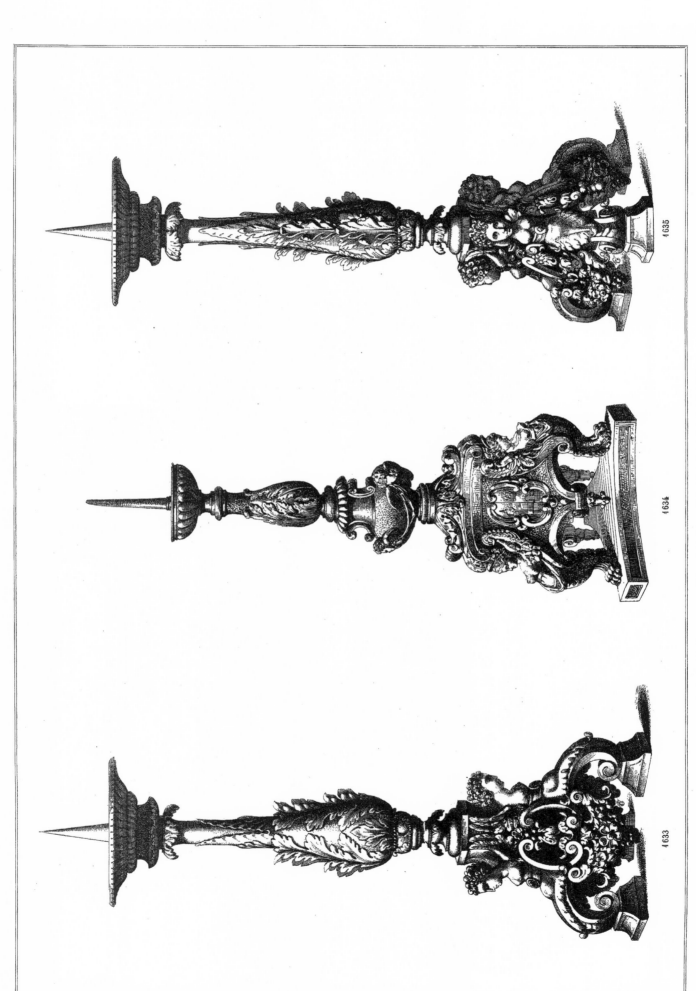

1633   1634   1635

La figure centrale 1634 est en bronze et porte sur le pied le blason de celui qui fit faire ces chandeliers, au nombre de quatre. La figure 1633 est en argent et d'un beau travail; la figure 1635 représente le même objet vu d'angle.

中间的图 1634 展示的是一件青铜制品，这作品的底座上有这支蜡烛合作者的标牌，总共有四个。图 1633 是银制艺术品，其做工精致；图 1635 是同一件作品的不同角度。

The centre figure 1634 is of bronze and bears upon its foot the scutcheon of the person who had these candelabra made; they are four in number. Figure 1633 is in silver and nicely worked; figure 1635 is a repetition of the same object seen angularly.

6me Année.　　No 181　　30 Juin 1867.

ABONNEMENT ANNUEL
France. . . . . 18 fr.
Étranger. . . . 20 fr.
L'Année parue. 25 fr.

L'ART POUR TOUS
ENCYCLOPÉDIE DE L'ART INDUSTRIEL ET DÉCORATIF
Paraissant les 15 et 30 de chaque mois.
PUBLIÉ SOUS LA DIRECTION DE M. C. SAUVAGEOT | FONDÉ PAR M. ÉMILE REIBER, ARCHITECTE

A. MOREL
ÉDITEUR
13, rue Bonaparte
Paris.

XVIᵉ SIÈCLE. — FABRIQUE FRANÇAISE.　　　　**COFFRET EN FER DAMASQUINÉ.**

(COLLECTION DE M. DE SAINT-MAURICE.)

E. Wallet.

1636

On ne peut rien imaginer de plus simple que la forme générale de ce coffret, mais aussi rien n'est de meilleur goût et plus délicat que les ornements niellés dont il est couvert sur toutes ses faces.

Il est destiné à contenir des bijoux ou objets précieux. — Les ornements ou arabesques inscrits dans des formes rectangulaires sont tantôt en argent, tantôt en or. Tout ce mélange produit un effet des plus harmonieux.

这只箱子的形式极其简单，不过上面布满的乌银装饰物做工非常精致。

这只箱子是用来存放珠宝珍品的。上面的蔓藤花饰通过方形勾勒出来，材质为金或银，虽然混搭明显，但产生的效果却异常协调。

Nothing can be imagined plainer than the general form of this casket, and withal nothing of a better style and more delicate than the niello ornaments with which it is covered on every side.

It was destined to contain jewels or precious objects. Its ornaments, or arabesques, delineated through rectangles, are alternately in gold or silver, and from that very intermixture an effect is produced full of harmony.

6e Année.   L'ART POUR TOUS.   Nº 181

XIXᵉ SIÈCLE.—ÉCOLE FRANÇAISE CONTEMPORAINE.   DÉCORATION.—VESTIBULE D'UNE MAISON

au 10ᵉ de l'Execution

Dessin et Composition de L. Villeminot.   Imp. Lemercier et Cⁱᵉ Paris   Gravure de Cl. Sauvageot.

1637   722

MOTIF CENTRAL DU VESTIBULE

前厅的中心主题

CROSSE OU BATON PASTORAL

EN FILIGRANE DORÉ.

(COLLECTIONS DU MUSÉE DE CLUNY.)

XIVe SIÈCLE. — ORFÉVRERIE FRANÇAISE.

(ÉCOLE LIMOUSINE.)

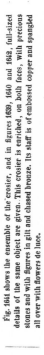

1642

1641

1640

1639

Fig. 1641 shows the ensemble of the crosier, and in figures 1639, 1640 and 1642, full-sized details of the same object are given. This crosier is enriched, on both faces, with precious stones and with figures in gilt and chased bronze. Its staff is of embossed copper and spangled all over with flowers of luce.

图 1641 展示的是整根权杖，图 1639，1640 和 1642 展示的是权杖上的细节。这根权杖的每一面都装饰有大量的珍贵宝石，上面的人物形象是青铜雕花鎏金的，剩下的凸起的神职人员是青铜制成的，到处都点缀着鸢尾花。

La fig. 1641 montre l'ensemble de la crosse, et les fig. 1639, 1640, 1642 des détails, grandeur d'exécution du même objet. — Cette crosse est enrichie de pierreries sur les deux faces et de figures en bronze ciselé et doré. La hampe est en cuivre repoussé et couverte d'un semis de fleur de lis.